品茶 言商

主编 啸天

农村读物出版社

图书在版编目（CIP）数据

品茶言商 / 啸天主编. 一北京：农村读物出版社，2011.6

（怡情茶生活）

ISBN 978-7-5048-5472-8

Ⅰ．①品…　Ⅱ．①啸…　Ⅲ．①茶－文化－中国 ②商业经营　Ⅳ．

①TS971 ②F715

中国版本图书馆CIP数据核字(2011)第075172号

策划编辑	黄　曦	
责任编辑	黄　曦	
设计制作	北京水长流文化发展有限公司	
出　　版	农村读物出版社　（北京市朝阳区麦子店街18号　100125）	
发　　行	新华书店北京发行所	
印　　刷	北京三益印刷有限公司	
开　　本	880mm×1230mm　1/24	
印　　张	6	
字　　数	150千	
版　　次	2011年6月第1版　2011年6月北京第1次印刷	
定　　价	36.00元	

（凡本版图书出现印刷、装订错误，请向出版社发行部调换）

中国人习惯在两种场合下谈生意，一是饭桌，二是茶桌。

饭桌上谈生意，注重人情之谊的，总免不了要喝酒。喝酒这事，不是每个人都擅长。需要有酒量。还要有定力。因为，酒容易乱性，在半醺的情况下，还能头脑清醒的人，真不算是多数。而做生意，思维混乱那是大忌。

茶桌上谈生意就要轻松多了。茶性淡雅，和酒性的"烈"不同，茶是平心气儿的。喝茶，能把人的距离喝亲近了，但又避免了失态。在袅袅的茶香中，主客双方可谈的话题很多。可以不像饭桌那么功利地单刀直入，一针见血。品着好茶，谈着我们的生活，谈着关于茶的文化，迂回曲折中，心与心的距离被自然地拉近了。

饭桌上的亲近，有时是因为酒精造就的假象。酒友，听上去，豪爽有余，但情意不足；茶友那就不同了。能够有时间陪着你，品茗漫谈的，那一定是真的值得深交的朋友。

在这样深厚的情谊之下，从品茶而延伸出来的其他关系，料想是比单纯的功利交往更让人信任的。

以茶会友，然后，欣欣然地品茶言商，快哉！

目录

一

在家请茶赢在**内行**

在家里请朋友喝茶，自有一份独特的情谊。说明你看重这个朋友，不拿他当外人。但在家请茶，更见功力，不可潦草。首先，家中要有适合喝茶的地方，如果空间允许，可专门开辟一间茶室，如果空间没那么宽裕，也可以在客厅或书房，布置一个茶角作为品茗待客之用；其次，家中要有适合来客的茶叶，这个适合，不仅是口味，更重要的是身份、年龄、性别，甚至价值观。在家里请茶，相对茶室，环境更自如轻松，适合招待旧友故交或已经很熟络的商业伙伴，在这样轻松惬意的品饮过程中，人与人之间，距离得以拉近，感情得以联络。就算之前有过误解和隔阂，也可在这样的过程中消弭。

典雅茶室显品味

喝茶品赏的除了茶，还有环境。爱茶之人，家中一般都布置有茶角。家居的茶角和街边的茶艺馆有相同之处，也有不同的地方。相同的是，都是为了让喝茶这个过程更舒适更有情趣，不同的是，营业的茶艺馆是从服务对象的喜好这个角度来装饰茶室，装饰风格更商业化，更普适，当然，其中也渗透了茶艺馆主人自己的审美情趣和风格喜好，但注重服务人群的审美取向还是主要被考虑的因素。而家庭茶角的装饰则没有这样的束缚，因为不用考虑商业的目的，所以，可尽情发挥主人的想象力和审美理想，彰显主人的喜好和情趣。

家庭茶角的装饰，大部分还是可借鉴商业茶艺馆的。在装饰方面，酒店中的茶艺会所、风格各异的各种茶艺室内在装饰上各有不同。不同风格的茶艺馆会给品茶人带来不同的心情。茶室的大体风格可以分为中式、日式、欧式、民族风。还可根据不同的类型分为商务型、家居型、综合型。

中式风格的茶艺馆还原了古人的饮茶环境。茶馆室内设计主要以中式家具为主。几把太师椅，几张方木小茶桌，简洁大方，不失典雅。在细节上，张挂名人字画，焚香，以古典音乐为品饮背景，陈列瓷器、紫砂壶等工艺品，富有浓厚的文化气息。文人墨客坐在一起品茶，以茶开始交流，该有多少雅趣。将中式元素巧学回家，独特的设计，点滴的小物件，使整个茶室显得很安静，让烦躁不安的心慢慢得到缓和。

百宝阁

多为木质，用隔断隔成不同大小的方格，可以放置茶具、工艺品、书籍等。

茶椅·茶桌

多采用木质材料，造型简单，根据自己的喜好可选择雕花家具。

香炉

香炉多以陶土、瓷制成，一般采用檀香，香气淡雅，尽量放置在离主泡台较远的位置，这样不会影响到茶的味道。

艺术品

瓷器，陶土等具有中国特色的装饰品。

书画

可选用水墨画、字画等。

日式

公元805年，大约在唐代时期，中国的茶由日本僧人随着佛教的传播进到日本。在唐宋时期，中国的茶文化达到了一个登峰造极的程度。当时的茶叶和饮茶技巧，都吸引着日本佛教寺院。

早期，日本主要沿用中国的饮茶方法及种植技巧。经过长时间的演变，不断学习并加以改造，饮茶之风日益盛行，至今仍沿用宋代时点茶技巧，最后形成日本茶道。

日本茶道讲究"茶中有禅，茶禅一体"的境界。"和、敬、清、寂"为日本茶道的宗旨。

日本茶道的茶室，又称为"茶席"，为举办茶道的场所。每一次茶会，主人要在开始前整理庭院、修花剪草、准备茶点、制水，等待客人的来临。日本茶室一般为竹木所制。茶室面积不大，一般10平米左右，中间摆置一张四方小桌，四面各放置一个"榻榻米"，小巧精致。室内设置分为煮水区，茶点区、器具，清洁区等。墙上挂有名人字画，焚香，摆放有插花。室内设计可根据不同的季节而调整。家庭选用日式风格的茶室设计要抓住重要的细节，以简洁大方为主。主要是榻榻米的选用，其次是装饰物，不可复杂，重点是字画、鲜花。

插花

要注意的是日式插花不像田园风格的花束那么大，色彩也没那么鲜艳。鲜花不超过3朵，简单但不失主题。每一个盆景都会根据茶会的主题，选用应景的花和造型。

榻榻米

现今，榻榻米并不算是什么新鲜的家居布局，更多人已经将榻榻米变成了自己家的日常家具。榻榻米可以分为两种，一种是简单的跪坐式，另一种是坐式。区分起来很简单，坐式的在装修时已经考虑到了舒适感的要求，茶桌下面会留有与桌面面积一样大的可以放脚的空间。不用的时候桌子平放下去，便成为平面，所以相比起跪坐式来说，更加实用。

煮水区

- 地炉：位于地板里的火炉，利用炭火煮茶釜中的水。
- 风炉：放置在地板上的火炉，功能与地炉相同；用于五月至十月之间气温较高的季节。
- 柄杓：竹制的水杓，用来取出茶釜中的热水；用于地炉与用于风炉的柄杓在形制上略有不同。
- 盖置：用来放置茶釜盖或柄杓的器具，有金属、陶瓷、竹等各种材质。用于地炉与用于风炉的盖置在形制上略有不同。
- 水指：备用水的储水器皿，有盖。
- 建水：废水的储水器皿。

器具

· 枣：薄茶用的茶罐。

· 茶　入：浓茶用的茶罐。

· 仕　覆：用来包覆茶入的布袋。

· 茶　杓：从茶罐（枣或茶入）取茶的用具。

· 茶　碗：饮茶所用的器皿。

· 乐茶碗：以乐烧（手捏成型低温烧制）制成的茶碗。

· 茶　筅：圆筒竹刷，将竹片切成细刷状制成。

提到欧式风格，首先会联想到欧洲街边的下午茶，午后一缕阳光透过玻璃窗照射在桌面，品一杯红茶加少许的糖或柠檬片，释放一天疲倦。这就是欧式风格，简单到只需要一张藤椅，一杯茶。

茶具

没有太多的讲究，杯内胎质多为白瓷，有利于衬托茶的颜色。

中国是个多民族的国家，不同的区域，都会有不同的文化习俗。柴、米、油、盐、酱、醋、茶。茶作为人们生活中的必需品。各个民族都有自己的饮茶风格，例如：拉祜族的烤茶、纳西的盐巴茶、藏族的酥油茶、白族的三道茶、维吾尔族的奶茶等。按地区划分也有着不同的饮茶习惯，北京的大碗茶、广州的早茶、四川的凉茶等。

走在街边，偶遇民族风格浓郁的茶艺馆不妨走进去坐坐，不同民族都会用有自己民族特色的装饰物点缀茶舍。例如银饰、草垫、家具、壁画、布艺等。也许在不经意间会激发你的灵感。选上一两件，带回家装饰自己茶角。

扎染布

典型的江南风格，给炎热的夏天带来一丝清爽。可用来装饰墙壁、桌面。

烤茶罐·土罐

典型的云南风格，云南许多少数民族现今仍然使用土罐煮水。但多用于烤茶，将云南特有的毛茶放入土罐中在火上颠烤，待茶烤出香气后注入沸水即可饮用。

目前，有许多大型酒店，商务会馆都开设有茶室。随着社会的发展，人们更加重视品质生活，弘扬传统茶文化。并且更多人开始注重健康，以前是在酒桌上谈生意，现在取而代之的是以茶代酒，在洽谈事务的同时更加重视自己的身体。

根据会议的性质不同，可以根据会议需求进行茶室的装饰。一种是比较正式的。客人主要是在会议上协商事件，并不对茶室的装饰很在意，只要简洁，大方即可。另一种是较轻松的环境下组织的会议，例如茶话会、联欢会等。这种会议不像茶会那么注重礼节和规则，只是一种大家交流感情短暂的小型聚会，在茶会装饰时根据活动的主题准备即可。

家居型

茶作为生活的必需品，对任何人来说都不是很生疏。现今茶不再只是老年人的专属饮品，更多的年轻人也喜欢上了它。茶不仅能带来身体上的健康，还可以使我们了解到更多的知识，比如不同茶类的不同品饮方法，茶的文化及发展等。

在家中布置一个茶艺角落，选用自己喜欢的茶、茶具、茶玩，可增添生活的情趣。

综合型

综合型茶室是一个多功能的场所。一般是指茶餐厅、茶楼。在节假日，可供大家围坐一起，边喝茶边品尝茶点，畅谈家事、身边事。亲朋好友之间，谈心叙谊，相互沟通。茶室装饰和平常我们去过的餐厅没有很大区别，只是更偏重于以茶文化装饰餐桌，在设计上更加的中式。

2 / 亲手冲泡有诚意

"有朋自远方来不亦乐乎"。朋友来到家中亲手泡上一杯暖茶，从选择茶叶，到准备合适的水，到冲泡的过程及使用的茶具，每个细节，都代表了你对朋友的那份诚挚的心意。

最适合待客的家庭茶艺

家庭茶艺，就是居家饮茶的过程，可以怎么舒适怎么来，不需要像茶艺馆的茶艺师那样，每一个步骤都有那么多的讲究和规矩，只要个人觉得舒服，待客有礼即可。

居家招待客人，只要有一个舒适的茶角或茶室就可以了。爱茶者足不出户便可享受茶艺之乐，别有一番情趣。风格应当以淡雅宁静为佳，这样颇能与茶之韵味、品茶时的心境相应。

居家饮茶与冲泡

家庭饮茶，茶叶的选择大多跟主人的喜好有关，有人偏好绿茶、有人喜欢乌龙茶、也有人钟情于喝普洱茶，不管口味是什么，只要掌握了泡茶的技艺，选择哪种茶叶都会得心应手。

绿茶比较细嫩，绿汤绿底，温度最好在80～95℃，适合用玻璃杯或者盖碗来冲泡。冲泡绿茶有三种方法，即上投法、中投法、下投法。

上投法就是先注水七分满，再将茶叶拨入水中冲泡，适合冲泡比较高档细嫩的绿茶，如碧螺春。

中投法就是指先注水至杯中的三分满，再把茶叶投入到杯中，再冲入水至七分满，较适合冲泡中档的绿茶，如黄山毛峰。

下投法是指先放茶叶，再将水冲至七分满，适合冲泡比较粗老的绿茶，如六安瓜片。

黑茶（普洱茶）、乌龙茶、红茶适合用100℃沸水冲泡。黑茶适合选择紫砂壶和陶壶冲泡，黑茶需要温润泡，第一泡茶汤不宜饮用，要倒掉，再重新冲泡。台湾乌龙茶适合选用紫砂小品壶来冲泡，如冻顶乌龙茶。

广东乌龙茶适合选用潮汕泥壶冲泡，如凤凰单枞。

福建闽北乌龙茶适合选用大的紫砂壶来冲泡，如大红袍。

福建闽南乌龙茶适合选用盖碗冲泡，如铁观音。

掌握了这些最基本的泡茶技艺和常识，操作起来就容易多了。在家请茶，也能泡出滋味香浓的好茶，也能让朋友感受到那份浓浓的情谊。

3

以茶论道做铺垫

品茶如品人生，每道茶，每次冲泡滋味都不一样。品茶，不仅是品结果，也是品过程。在这样的过程中，从茶本身谈开去，往往能让宾主双方能更深入地了解对方的脾气、特点和价值观。这对于进一步的商务合作是有帮助的。

茶品如人品

爱茶懂茶之人，一般都会被茶品影响，茶品是什么呢？茶品讲究清、香、甘、淡。这与人品之间的关系是多么微妙。一个人，如果能够真心细品桌上的一杯清茶，就不会横生恶毒算计之心。性格中，也会少些暴戾之气。这样的人，才值得相交合作。

品茶见性情

如果把茶当成一种牛饮的普通饮料，那就是糟践了这种具有很强文化附加值的特殊饮品。是急功近利的，还是素有分寸的；是斤斤计较的，还是富有雅量的，品饮的过程，就可看出真性情。

论道出商机

中国人好讲个情义，喝茶待客，那是在理的。无论多么陌生，如果能聚在一起喝杯茶，谈天论地，总能拉近距离。就是在这样的喝茶闲聊中，心与心靠近了，有了基础的好感，谈什么都好谈，不经意中，也许就能碰撞出难得的商机。

4

精致茶饮聊典故

喝茶不能干喝着，需要点谈资。一般来说，就茶论茶，都会先从茶谈起。

龙井茶的典故

相传乾隆皇帝下江南，一天，来到龙井村狮峰山下的胡公庙歇息。庙里有个和尚端上当地的新茶，乾隆皇帝本就精通茶，见到此茶，不由称道叫绝。只见洁白如玉的盖碗中，片片嫩如雀舌，茶汤翠绿明亮还阵阵飘出茶香，品饮后更是齿颊留香。乾隆皇帝便问和尚此茶出于何处，和尚回答为小庙自产的龙井茶。乾隆皇帝便走出庙门前去查看，便见庙前有十八棵青翠的茶树。他一时兴起就当场封这十八棵茶树为御茶树，自此龙井茶名扬天下。

相传在清乾隆年间，福建安溪县西坪乡尧阳松岩村（又名松林头村），有一茶农姓魏名荫。此人忠厚老实，善于种茶，是一位远近闻名制茶行家。茶农又笃信佛教，在家中敬奉观音。每天早晚一定泡上三杯清茶在观音佛前敬奉。有一天晚上，魏荫朦胧中梦见自己像往常一样去锄耕，观音菩萨金身出现在屋后的山崖上，他双手合十，上山跪拜。在途中，忽然发现在石缝中有一株茶树，枝壮叶茂，芳香诱人，跟自己所见过的茶树不同，散发出一种诱人的兰花香。第二天清晨，他顺着昨夜梦中的道路寻找，果然在梦中所见的石隙间，找到了这棵茶树。仔细观看，只见茶叶椭圆，叶肉肥厚，嫩芽紫红，青翠欲滴。魏荫十分高兴，将这株小树挖回种在家中一口铁鼎里，悉心培育。因这茶是观音托梦得到的，因而取名"铁观音"。

25

大红袍
的典故

传说每年朝廷派来的官吏去采贡茶，每到采茶之时，都要焚香祭天。由于大红袍生长在崖壁间，采摘十分危险，于是有人建议让猴子去帮助人们采摘。但这时候有人又提出，崖壁间杂草丛生，猴子去采摘可能会遗失茶叶，并且也不好控制它们的位置。为了解决这个问题，有人提出让猴子穿上红色的披肩，爬到绝壁的茶树之上采摘茶叶。红色鲜艳，能让人一眼看见，这样才好掌握猴子的采摘情况。所以这种茶被称为"大红袍"。正由于数量稀少，采摘困难，这种茶在市场上是价格昂贵的珍品。

碧螺春
的典故

碧螺春茶名之由来，还有一个动人的民间传说。以前，在太湖的西洞庭山上住着一位勤劳、善良的孤女，名叫碧螺。碧螺生得美丽、聪慧，喜欢唱歌，且有一副圆润清亮的嗓子。她的歌声，如行云流水般的优美清脆，山乡里的人都喜欢听她唱歌。而与隔水相望的洞庭东山上，有一位青年渔民，名为阿祥。阿祥为人勇敢、正直，又乐于助人，在吴县洞庭东、西山一带方圆数十里的人们都很敬佩他。而碧螺姑娘那悠扬宛转的歌声，常常飘入正在太湖上打鱼的阿祥耳中，阿祥被碧螺的优美歌声所打动，于是默默地产生了倾慕之情，却无缘相见。

在某年的早春里有一天，太湖里突然跃出一条恶龙，盘踞湖山，强迫人们在西洞庭山上为其立庙，且要每年选一少女为其做"太湖夫人"。太湖人民不应其强暴所求，恶龙就扬言要荡平西山，劫走碧螺。阿祥闻讯义愤填膺。为保卫洞庭乡邻与碧螺的安全，维护太湖的平静生活，阿祥趁更深夜静之时潜游至西洞庭，手执利器与恶龙交战，连续大战七个昼夜，阿祥与恶龙俱负重伤，倒卧在洞庭之滨。乡邻们赶到湖畔，斩除了恶龙，将已身负重伤，倒在血泊中的降龙英雄——阿祥救回了村里，碧螺为了报答救命之恩，要求把阿祥抬到自己家里，亲自护理，为他疗伤。阿祥因伤势太重，当时已处于昏迷垂危之中。

一日，碧螺为寻觅草药，来到阿祥与恶龙交战的流血处，发现那里生出了一株小茶树，枝叶繁茂。

为纪念阿祥大战恶龙的功绩，碧螺便将这株小茶树移植于洞庭山上并加以精心护理。清明刚过，那株茶树便吐出了鲜嫩的芽叶，而阿祥的身体却日渐衰弱，汤药不进。碧螺在万分焦虑之中，突然想到山上那株以阿祥的鲜血育成的茶树，于是她跑上山去，口衔茶芽，泡成了翠绿清香的茶汤，双手捧给阿祥饮尝，阿祥饮后，精神顿爽。碧螺从阿祥那刚毅而苍白的脸上第一次看到了笑容，她的心里充满了喜悦和欣慰。当阿祥问及是从哪里采来的"仙茗"时，碧螺将实情告诉了阿祥。为了阿祥能早日康复，碧螺每天清晨上山，将那饱含晶莹露珠的新茶芽以口衔回，揉搓焙干，泡成香茶，以饮阿祥。阿祥的身体渐渐复原了，可是碧螺却因天天衔茶，以挚情相报阿祥，渐渐失去了元气，终于憔悴而死。后人为了纪念碧螺，把这种茶取名为"碧螺春"。

君山银针原名白鹤茶。据传初唐时，有一位名叫白鹤真人的云游道士从海外仙山归来，随身带了八株神仙赐予的茶苗，将它种在君山岛上。后来，他修起了巍峨壮观的白鹤寺，又挖了一口白鹤井。白鹤真人取白鹤井水冲泡仙茶，只见杯中一股白气袅袅上升，水气中一只白鹤冲天而去，此茶由此得名"白鹤茶"。又因为此茶颜色金黄，形似黄雀的翎毛，所以别名"黄翎毛"。后来，此茶传到长安，深得天子宠爱，遂将白鹤茶与白鹤井水定为贡品。

有一年进贡时，船过长江，由于风浪颠簸把随船带来的白鹤井水给泼掉了。押船的州官吓得面如土色，他急中生智，只好取江水鱼目混珠。运到长安后，皇帝泡茶，只见茶叶上下浮沉却不见白鹤冲天，心中纳闷，随口说道："白鹤居然死了"！岂料金口一开，即为玉言，从此白鹤井的井水就枯竭了，白鹤真人也不知所踪。但是白鹤茶却流传下来，即是今天的君山银针茶。

此茶还有其他传说：君山银针原名白鹤茶。据传初唐时，有一位名叫白鹤真人的云游道士从海外仙山归来，随身带了八株神仙赐予的茶苗，将它种在君山岛上。后来，他修起了巍峨壮观的白鹤寺，又挖了一口白鹤井。白鹤真人取白鹤井水冲泡仙茶，只见杯中一股白气袅袅上升，水气中一只白鹤冲天而去，此茶由此得名"白鹤茶"。又因为此茶颜色金黄，形似黄雀的翎

毛，所以别名"黄翎毛"。后来，此茶传到长安，深得天子宠爱，遂将白鹤茶与白鹤井水定为贡品。

君山银针还有一个传说也流传甚广。据说君山茶的第一颗种子还是四千多年前娥皇、女英播下的。后唐的第二个皇帝明宗李嗣源，第一回上朝的时候，侍臣为他捧杯沏茶，开水向杯里一倒，马上看到一团白雾腾空而起，慢慢地出现了一只白鹤。这只白鹤对明宗点了三下头，便朝蓝天翩翩飞去了。再往杯子里看，杯中的茶叶都齐崭崭地悬空竖了起来，就像一群破土而出的春笋。过了一会，又慢慢下沉，就像是雪花坠落一般。明宗感到很奇怪，就问侍臣是什么原因。侍臣回答说"这是君山的白鹤泉（即柳毅井）水泡黄翎毛（即银针茶）的缘故。"明宗心里十分高兴，立即下旨把君山银针定为"贡茶"。君山银针冲泡时，棵棵茶芽立悬于杯中，极为美观。

二

商务点茶赢在门道

请客户喝茶，可不能以不变应万变。一定要看人泡茶。如果是请女客户喝茶，就往美丽那方向喝吧。

任何物质，与女性有联系都会产生别样的美感，茶也不外乎这样。女性是水做的，干净、纯洁。水无味无色，茶入水无形，就像是一剂良药，一种活力的添加物。没有果汁的香甜，没有可乐的冰爽冲劲，但它不张扬、不做作又不失典雅，给清澈的水添加淡淡的味道和颜色。给女性客户点上一杯清新的美颜茶，客户一定会被你的这份细心感动。有好感，生意就成功了一半。

绿茶

绿茶不经过发酵，即鲜叶采摘下来后马上杀青，终止茶叶中酶的活性。这样做能保留住茶中氨基酸、维生素、茶多酚等物质。所以绿茶形美、油绿、香高、味醇、口感鲜爽。能抗氧化，防止衰老、美白肌肤。如果客户是个常常面对电脑的白领，喝绿茶就太合适了，可起到防辐射的作用。

常见的绿茶有：龙井茶、碧螺春、黄山毛峰、庐山云雾、六安瓜片、蒙顶茶、太平猴魁、信阳毛尖、日本蒸青绿茶等。

白茶

白茶，基本上就是靠日晒或烘干制成的，是我国的特产。白茶的外形、香气和滋味都是非常好的。它加工时不炒不揉，只将细嫩、叶背布满茸毛的茶叶晒干或用文火烘干，外形芽毫完整或形态如花朵，满身披毫，毫香清鲜，汤色清中显绿，滋味清淡回甘。可抗辐射、抗氧化、抗肿瘤、降血压、降血脂、降血糖，同时还有养心、养肝、养目、养神、养气、养颜的功效。

常见的白茶有：白牡丹、贡眉、寿眉。

花茶

用菊花、满山红、玫瑰等干花泡制的茶，既好看又养颜，不仅好喝，而且好看，好闻，是女性客户的"御用"香茶。

如果女客户年岁较大，推荐乌龙花茶。

泡饮乌龙花茶，一般同乌龙茶泡饮法。即用紫砂小茶壶装满茶叶，沸水冲泡，加盖，再在壶外淋浇开水，增加壶温，促茶出汁。5分钟后，倒入小酒盅式茶杯，像品饮"茅台酒"一样，小口细细品尝。这过程中可一面欣赏乌龙茶韵和鲜花香气。顿觉花香助茶味，茶味显花香。

请女性客户喝茶，一定要喝女性感兴趣的茶，谈论女性感兴趣的话题。可谈茶种类、谈茶文化、谈茶健康、谈茶饰品。

贴士

茶虽好，但是对于女性来说并不是任何时候品饮都是有益的，不正确的饮茶习惯、饮茶时间会给身体带来伤害，女性应避开以下时期饮茶：

1. 月经期间

女性的生理期，经血会消耗掉不少体内的铁质，因此女性朋友在此时更要多多补充含铁质丰富的蔬菜水果，像菠菜、葡萄和苹果等。而茶叶中含有高达50%的鞣酸，它会妨碍我们的肠粘膜对铁质的吸收，大大减低铁质的吸收程度，因而在肠道中很容易和食糜中的铁质或补血药中的铁结合，产生沉淀的现象。

2. 怀孕期间

孕妇将要临产前也不宜喝太多茶。孕妇正值怀孕期也不适合喝茶。浓茶中含的咖啡碱浓度高达10%，会增加孕妇的尿和心跳次数与频率，会加重孕妇的心与肾的负荷量，更可能会导致妊娠中毒症，因此孕妇最好不喝茶。

3. 哺乳期间

刚生产完，想亲自哺乳的产妇也不宜喝太多茶。这段期间要是喝下大量的茶，茶中含有的高浓度的鞣酸会被粘膜吸收，影响乳腺的血液循环，进而抑制乳汁的分泌，造成奶水分泌不足。另外，茶中的咖啡碱会渗入乳汁并间接影响婴儿，对婴儿身体的健康不利。

4. 更年期间

正值更年期的女性，除了头晕和浑身乏力以外，有时还会出现心跳加快、脾气暴躁、睡眠品质差等现象，若再喝太多茶更会加重这些症状，所以喜欢喝茶的人若正值这个特别阶段，最好适可而止。

男性客户：喝茶是种智慧的博弈

在男性的社交圈子中，为了每一次合作项目的成功，烟酒总是在整个过程中充当交流的工具。其实，用茶来取代这种社交的方式也是完全可以的。既健康又可以体现个人的品位。

烟和酒，性子太烈，在谈一些需要多次磨合和交流的项目时，会助长急躁的情绪。酒容易让人失态。而茶则能帮助人整理情绪；酒容易让人失去健康，而茶却能促进健康。喝上一杯健康茶，在从容的气氛中洽谈项目，拼的不是意气，而是智慧。

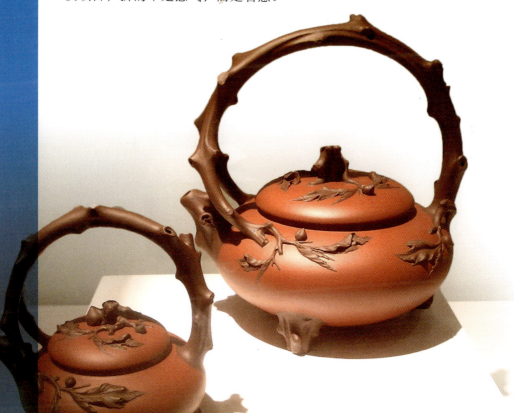

黑茶

　　黑茶，属于后发酵茶，采用原料比较粗老，堆积时间较长，使茶叶外形呈黑褐色。但根据不同地区制作手法的特色，加工黑茶的工艺也有所区别。黑茶主要销往边区，是藏、蒙、维吾尔等兄弟民族不可缺少的日常必需品，主要原因是边区民族多食用奶制、肉制食物，这些食物不容易消化，黑茶具有去油脂、刮油、帮助消化功效。主要功效有：降三脂、降三高、调节血液黏稠度，具有减肥降脂的功效。长期饮用还可帮助维持体重。对于体重较大的客户，送上一杯醇厚的黑茶，够力度，够健康。客户也能感觉到你对他的那份浓浓的诚意。

　　常见的黑茶有：湖南黑茶、广西六堡茶、千两茶、普洱茶和茯砖等。

黄茶

黄茶，制法与绿茶相似，不过中间需要闷黄三天，在制茶过程中，经过闷堆渥黄，因而形成黄叶、黄汤。在生产过程中黄茶的特殊加工工艺使它产生大量的消化酶，所以常饮黄茶对脾胃有好处，消化不良，食欲不振、懒动肥胖者适宜饮用。

常见的黄茶有：霍山黄芽、君山银针、大叶青等。

3

外国客户：喝茶了解中华大文化

　　爱茶人不分国界、种族和信仰。当语言沟通不够顺畅的时候，不如借助茶来传情达意。 如果你面对的是一个外国客户，如果这个外国客户又特别喜欢中国文化，最适合请他喝茶。喝茶的过程，就是交流中华文化的最好时机。在品茶的过程中，渗透你的价值观、人生观。让对方产生认同感。弥合中外文化差异造成的隔膜。建立在一个良好的沟通平台上的洽谈，一定是会更容易达成共识的。

绿茶

绿茶是法国和德国人最喜欢的中国茶类。绿茶不仅可以预防癌症，还可以减缓衰老、减肥。

红茶

特别是祁红，很受英国人喜欢。祁门红茶是我国传统工夫红茶中的珍品，是中国十大名茶中唯一的红茶。品质冠绝天下，蜚声国际茶叶市场，与印度大吉岭红茶、斯里兰卡乌瓦红茶并称为世界三大高香茶。每天喝4杯红茶就可以将人体内的胆固醇控制在一定的范围内。

4

老客户：喝茶叙旧巩固老关系

老客户，因为建立了良好的合作关系，有了信任感，是可以归入故交的行列的。故交相见，虽然是因商场交往而结识的，但因为相识时间长，可谈可聊的内容往往很丰富。因此，富有回味，经得起多次冲泡的茶，正是诠释故交之情的最好桥梁。由于知根知底，可以选用对方特别喜欢的品种进行冲泡，以唤起对方对良好合作过程的回忆，增进彼此的信任感。

老客户就像茶一样越品越深、越品越有味道。哪怕是工作之余，一时无直接商务合作也可常常坐在一起品品茶、沟通感情。故友畅谈，可以选用耐泡、有韵味的茶。

普洱生茶

　　新鲜的茶叶采摘后以自然的方式陈放，未经过渥堆发酵处理的为生茶。生茶茶性比熟茶烈、刺激。

　　生茶经长时间放置，与空气接触，慢慢钝化。茶的苦涩味、汤色由较浅或黄绿，慢慢转变成橙黄、桐油色。因此生茶刺激性慢慢减弱逐渐变为熟茶。熟茶特点是经过长久储藏，香味越来越醇厚，越陈越香。

冲泡方法

器具：随手泡、盖碗、公道杯、品茗杯、茶刀、茶荷、茶则、茶盘（水盂）。

选水：水温100℃以上沸水。

① 温盖碗：将随手泡中的热水冲入盖碗中温烫。

② 温公道杯：将盖碗中的水倒入公道杯中温烫。

③ 温杯：将公道杯中的水温烫品茗杯。

④ 起茶：用茶刀撬放在茶荷中的干茶，适量。

⑤ 置茶：将选用好的茶叶用茶则倒至盖碗杯中。

⑥ 冲水：第一泡茶冲水，根据所选用的茶叶控制泡茶的时间。

⑦ 出汤：将盖碗杯中的茶汤冲入公道杯中，目的是使茶汤均匀。

⑧ 分茶品茶：将公道杯中的茶汤分别分入品茗杯中至杯的七分满。观其色，赏汤、品茶三口饮。

普洱熟茶

　　以云南大叶种晒青毛茶为原料，经过渥堆发酵等工艺加工而成的茶，称为熟茶。熟茶色泽褐红，滋味纯和，具有独特的陈香。茶性温和，韵味浓，很受大众喜爱。

冲泡方法

器具：随手泡、紫砂壶、公道杯、品茗杯、茶刀、茶荷、茶则、滤网、茶盘（水盂）。

选水：水温100℃以上沸水。

① 温壶：将随手泡中的热水冲入壶中温烫

② 温公道杯：将紫砂壶中的水倒入公道杯中温烫。

③ 温杯：将公道杯中的水温烫品茗杯。

③ 置茶：将选好的茶叶用茶则倒至壶中。

④ 冲水：第一泡茶冲水，根据所选用的茶叶控制泡茶的时间。

⑤ 出汤：将壶中的茶汤透过滤网冲入公道杯中，目的是使茶汤均匀。

⑥ 分茶：将公道杯中的茶汤分别分入品茗杯中至杯的七分满。

乌龙茶

亦称青茶。主要产于福建的闽北、闽南及广东、台湾三个省。可分为半发酵茶、轻发酵茶、重发酵茶、岩茶。是中国几大茶类中，独具鲜明特色的茶叶品类。

武夷岩茶

产自福建的武夷山。武夷岩茶外形肥壮匀整、紧结卷曲、色泽光润，叶背起蛙状。颜色青翠、砂绿、蜜黄，叶底、叶缘朱红或起红点，中央呈浅绿色。品饮此茶，香气浓郁，滋味浓醇，鲜滑回甘，具有特殊的"岩韵"。大红袍则是武夷岩茶中品质最优异者。武夷岩茶产于福建省武夷山市（原崇安县），是武夷山区的乌龙茶的统称，其中包括：大红袍、铁罗汉、白鸡冠、水金龟、武夷肉桂、武夷水仙等。

冲泡方法

紫砂冲泡大红袍

器具：随手泡、紫砂壶、公
　　　道杯、品茗杯、茶
　　　荷、茶则、茶盘（水
　　　盂）。

选水：水温95℃以上沸水。

① 温壶：将随手泡中的热水
　冲入壶中温烫。

② 温公道杯。使用滤网是使水质纯净。

③ 温杯：将公道杯中的水温
　烫品茗杯。

④ 置茶：将选用好的茶叶用茶则倒至壶中。

⑤ 冲水：第一泡茶冲水，根据所选用的茶叶控制泡茶的时间，一般乌龙茶第一泡在45秒钟左右。

⑥ 出汤：将壶中的茶汤通过滤网冲入公道杯中，目的是使茶汤均匀。

⑦ 分茶：将公道杯中的茶汤分别分入品茗杯中至杯的七分满。

台湾乌龙茶

产于中国台湾，条形卷曲，呈铜褐色，茶汤橙红，滋味纯正，天赋浓烈的果香，冲泡后叶底边红腹绿，其中南投县的冻顶乌龙茶（俗称冻顶茶）知名度极高而且最为名贵。台湾乌龙茶包括：文山包种、冻顶乌龙茶、台湾高山茶、木栅铁观音、白毫乌龙、东方美人等。

冲泡方法

冻顶乌龙茶

器具：随手泡、瓷壶、公道杯、品茗杯、闻香杯、茶荷、茶则、滤网、茶盘（水盂）。

选水：水温95℃以上沸水。

① 温壶：将随手泡中的热水冲入壶中温烫。

② 温烫公道杯。

③ 温杯：将公道杯中的水再次温烫闻香杯、品茗杯。

④ 置茶：将选用好的茶叶用茶则放至壶中。

⑤ 冲水：第一泡茶冲水，根据所选用的茶叶控制泡茶的时间，一般乌龙茶第一泡在45秒钟左右。

⑥ 出汤：将壶中的茶汤冲入茶海中，目的是使茶汤均匀。

⑦ 分茶品茶：将公道杯中的茶汤分别分入品茗杯中至杯的七分满。观其色，赏汤、品茶三口饮。

闽北乌龙茶

产地包括崇安（除武夷山外）、建瓯、建阳、水吉等地。包括的茶：闽北水仙、闽北乌龙、白毛猴等。

冲泡方法

黄金桂

器具：随手泡、盖碗、公道杯、品茗杯、茶荷、茶则、滤网、茶盘（水盂）。

选水：水温95℃以上沸水。

① 温盖碗

② 温公道杯

⑤ 冲水：第一泡茶冲水，根据所选用的茶叶控制泡茶的时间，一般乌龙茶第一泡在45秒钟左右。

③ 温杯：将公道杯中的水再次温烫闻香杯、品茗杯。

⑥ 出汤：将壶中的茶汤通过滤网冲入公道杯中，目的是使茶汤均匀。

④ 置茶：将选用好的茶叶用茶则放至盖碗杯中。

⑦ 分茶：将公道杯中的茶汤分别分入品茗杯中至杯的七分满。

　　新客户，之前并不相识，对方的习惯和性格都不够熟悉，但双方有可以合作的契合点。这时，请对方喝茶就能巧妙地传达一种结交的意愿，显得真诚而没那么急功近利。因为不了解对方对于茶的喜好，所以，适合冲泡比较容易被大多数人接受的热门茶类。不适宜过于个性的品种。适合品饮大众茶，如绿茶、红茶类。

滇红

冲泡方法

器具：随手泡、瓷壶、公道杯、品茗杯、茶荷、茶则、
　　　滤网、茶盘（水盂）。

选水：水温100℃以上沸水。

① 温壶：将随手泡中的热水
　冲入壶中温烫。

② 温公道杯。

③ 温杯：将公道杯中的水温
　烫品茗杯。

④ 置茶：将选用好的茶叶用茶则移至壶中。

⑤ 冲水：第一泡茶冲水，提壶高冲，激发茶性，充分发挥红茶的色、香、味。

⑥ 出汤：将壶中的茶汤通过滤网冲入公道杯中，目的是使茶汤均匀。

⑦ 分茶：将公道杯中的茶汤分别分入品茗杯中至杯的七分满。

正山小种

冲泡方法

器具：陶壶、公道杯、品茗杯、茶荷、茶匙、滤网、茶盘（水盂）。

选水：水温100℃以上沸水。

① 温壶：将随手泡中的热水冲入壶中温烫。

② 温烫公道杯。

③ 温杯：将公道杯中的水温烫品茗杯。

④ 置茶：将选用好的茶叶用茶则放至壶中。

⑤ 冲水：第一泡茶冲水，提壶高冲，激发茶性，充分发挥红茶的色、香、味。

⑥ 出汤：将壶中的茶汤透过滤网冲入公道杯中，目的是使茶汤均匀。

⑦ 分茶：将公道杯中的茶汤分别分入品茗杯中至杯的七分满。

安吉白茶

冲泡方法

器具：随手泡、玻璃杯、茶则、茶盘（水盂）。

选水：水温85～90℃开水。

① 温杯：倒水入玻璃杯中温烫杯子。

③ 赏茶：将茶叶放置茶则中，请客人赏茶。

② 倒水：把温杯子的水倒入水盂。

④ 置茶：将选用好的茶叶用茶则放至杯中。

⑤ 冲水：冲水至杯的七分满，此次冲水时使水的节奏上下提拉三次水流不断，称为"凤凰三点头"，表示对宾客的欢迎。高冲可以使茶叶在杯中翻滚，从而激发茶性香高，汤色均匀。

⑥ 第一泡茶冲水，根据所选用的茶叶控制泡茶的时间。

⑦ 品茶："品"字三个口，一小口一小口慢慢体会茶的美。

三

小茶桌也有大礼仪

茶馆喝茶的礼仪手语

中国人爱喝茶。无论多么心急火燎的事情，一到茶桌，自然刀枪入库，心平气和。俗话说，一笑泯恩仇。其实在品茶过程中，啜饮间，过往的恩怨也能灰飞烟灭。

于是，茶桌就成为了弥合友情，加深友情的好地方。先做朋友，其他的一切都好说。

既然是朋友，那就该以礼相待。茶馆喝茶，学学茶馆礼仪，特别是一些特殊的简洁手语，不仅能表达情意，还能免去不雅的喧闹和叫喊，让茶馆真正成为养心静心的好去处。

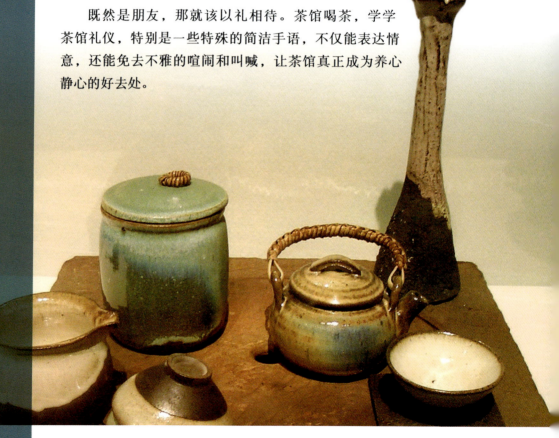

叩手指以表谢意

饮茶入座，当别人为你斟茶时，你应以食指和中指轻轻叩击桌面，表示致谢。如果是长辈给你斟茶，不能用单指叩桌面，还要用双指。

这一手语礼仪，据说起源于清代。传说清代乾隆皇帝南巡广东，有一次微服到广州一家茶馆饮茶，竟客串店小二，为随从官员斟茶。按清朝规矩，受皇上恩赐，应立即叩头致谢，但当时的情形却不能够叩头行礼，怎么办呢？可急煞这些官员。其中有一位随从的侍臣灵机一动，用食指和中指在茶桌上轻轻叩击桌面，表示叩头致谢。大家觉得这倒是个好办法，都一一模仿，流传至今。

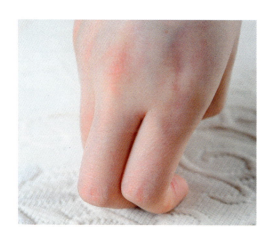

半揭壶盖请加水，茶壶盖反扣表示已埋单

在茶楼酒家饮茶时，茶壶里的茶汤如剩下不多，要添加开水，顾客不必呼唤服务员，只要将壶盖揭开，放置在壶口边沿和壶柄之间，似半揭开壶盖，服务员一见到这种状况，就会前来添加开水。

这一趣俗，据说起源于明代。传说明代广东有位书生喜欢上茶馆饮茶，因一时贪玩儿，将一只小鸟藏在喝干了的茶壶中。店小二不知书生在茶壶里藏了小鸟，照常将茶壶盖揭开准备加水，小鸟便飞走了。书生斥责店小二放走了他的小鸟，并要求赔偿。从此，茶馆老板便请顾客自己半揭壶盖，表示要添加开水。

如果茶已喝尽兴，结账了，服务员就会把茶壶盖反扣，这就表示这桌客人已埋单。

反手斟茶，茶斟太满不礼貌

如果要给客人斟茶，要按顺时针转一圈的，到了反手的时候，就换只手再斟。

酒满敬人，茶满欺人。斟茶，可不能和斟酒一样，不能斟得太满！因为斟满有"自满骄傲"的意思，另外，斟茶要浅，还有个道理，叫十分水的容量，倒满七分，留得三分人情在；太满是对客人的不敬。

茶桌上泼茶水，不礼貌

品茶最忌讳当着人的面儿泼茶水，表示对对方不满意，反感。希望他人马上走。

礼貌伸掌请茶礼

品茗过程中使用频率最高的就是伸掌礼节，表示"请"。右手手心向上四指并拢微曲，大拇指指尖收回。手心中像含着一个小气团的感觉，手腕要含蓄用力，不至显得轻浮，伸在所敬奉的茶旁边，示意客人请喝茶。行伸掌礼同时应欠身点头微笑，讲究一气呵成。

泡茶中的寓意礼

寓意礼一般是抽象的代表着美好祝福的礼仪动作，最常见的有：

A. 茶壶嘴不能正对他人，否则表示对他人的不礼貌，示意请他人快点离开。

B. 斟茶时只斟七分即可，暗寓"七分茶三分情"之意。也就是说沏茶时，茶只能倒七成，认为斟满表情意，斟不满心不诚的理解是不对的。

C. 凤凰三点头。用手提壶把，高冲低斟反复三次，寓意向来宾鞠躬三次，以示欢迎。高冲低斟是指右手提壶靠近茶杯口注水，再提腕使开水壶提升，此时水流如"酿泉泄出于两峰之间"，接着仍压腕将开水壶靠近茶杯口继续注水。如此反复三次，恰好注入所需水量，即提腕断流收水。

D. 双手回旋。在进行回转注水、斟茶、温杯、烫壶等动作时用双手回旋。若用右手则必须按逆时针方向，若用左手则必须按顺时针方向，类似于招呼手势，寓意"来、来、来"表示欢迎。反之则变成暗示挥斥"去，去、去"了。

双手敬茶礼

　　敬奉给客人第一杯茶时应当双手奉上，一手托着小茶碟底部，一手扶着茶杯，双手捧上，手指不能触及杯沿，对客人参加茶会表示感谢。喝茶的客人也要以礼还礼，双手接过，点头致谢。第一杯茶要敬给来宾中的年长者，如果是同辈人，应当先请女士用茶。

持品杯的礼节

　　品饮茶时，大拇指和食指拿住杯壁中指托杯底。俗称"三龙护鼎"。

持盖碗的礼节

女士：

用盖碗喝茶时，要一手拿着托碟和碗，另一只手把盖轻轻掀开一道缝儿，然后举到嘴前小啜。千万不能把碗盖拿起来，像用杯子喝水那样。如果把碗盖拿在手上，一仰脖把碗里的茶喝干，那是对主人的不敬。

男士：

用盖碗喝茶时，一手揭杯盖用杯盖边缘滑动漂浮的茶叶，然后举到嘴前小啜。用盖碗上茶时，主人不能随意掀开碗盖续水。这里有规矩，只要你把碗盖拿起来，靠在盖碗的托碟上。这个动作就等于告诉主人碗里该续水了。

客户来访的倒茶学问

客户来访，安排客人坐定，奉上一杯迎客茶那是必要的。如何做，才能让客人感觉舒服和暖心呢？

(1) 在上茶之前，最有诚意的做法是询问客人有何偏好，多备几种茶叶，供客人选择。

(2) 向客人献茶时，应起立，双手持杯，递给客人，并轻声告之："请用茶。"此时，客人也要起立，双手接杯，并表示谢意。若来客较多，则应严格遵守奉茶的顺序，给来客一一上茶。

(3) 奉茶要谨慎小心，不可将茶杯撞在客人手上或身上；尽量不从客人前方上茶；尽量不用一只手上茶。

(4) 奉茶要先客人，后主人；先主宾，后次宾；先女士，后男士；先长辈，后晚辈；先上级，后下级。

(5) 一般为客人奉上的第一杯茶不宜过满，最好只倒七八分满。

(6) 要为客人勤斟茶，勤续水；在续水时，不要续得过满，也不要使自己的手指、茶壶或者水瓶弄脏茶杯。

贴士

泡茶时手上尽量不要带饰物，因为如果饰物过于夸张，会给本来安静的茶会带来不协调，而且饰物如果体积过大，装饰复杂，很容易与茶具接触，敲击到茶具，发出声音。手指甲不要涂上带有颜色的指甲油，不要涂抹气味很重的护手霜，茶的吸附性很强，会把茶的本来的味道压下去。指甲要及时修剪，保持干净，不要留长指甲。

服饰具有极强的表现能力，在社交过程中，人们首先通过服饰展示个体内心对美的追求、体现自我的审美感受，使他人来判断人的第一印象。简洁、端庄、整洁的服饰使整个泡茶过程愉悦，能够使客人产生好感。

民族表演服饰

中国是个多民族的大国，每个民族都拥有本民族的特色的服饰修饰，将这种鲜艳，特色的服饰装点在茶艺表演过程，凸显的民族特征更加富有表演效果。常见的民族表演有：彝族、哈尼族、白族、壮族、维吾尔族、土家族、布朗族、佤族、蒙古族、满族、苗族、侗族、拉祜族等。

家居舒适泡茶服

家居泡茶是再平常不过的事情，好茶之人几乎每天都会泡上一两杯和家人一起品饮。但很少人重视在家泡茶的过程和规则，这是因为家中很少设立独立的品茶区域。并且家总给人舒适、随意的感觉，所以家中泡茶服饰上不用过于讲究，只要方便、简洁即可。衣服上不宜有琐碎的备件，主要是防止在泡茶过程中接触，碰撞茶具。

参加茶会服饰

茶会多介于正式会议与非正式会议之间的形式出现，也就是说与会的客人是以放松的心情参加的，但又不会太随意。这是因为大家重视每一次茶会带来交流的机会，结识新的朋友。所以参加茶会的服饰简单、大方、得体即可。

日本饮茶服饰

在日本，茶被作为养生延寿的珍品，而茶道是日本所特有的高雅饮茶礼节。据记载它是由村田珠光所创，经千利休提高到更高的艺术境界，迄今已有四五百年的历史了。

日本人将茶会视为正式的场合，都很注重自己的衣着。多以日本人的传统服饰"和服"出席。和服可分为多男士和女士，男士和服色彩较单调，多深色，腰带细，穿戴也方便。女性和服款式多样，色彩艳丽，腰带宽，不同的和服腰带的结法也不同，还要配不同的发型。已婚妇女多穿"留袖"和服，未婚小姐多穿"振袖"和服。

韩国饮茶服饰

与日本人一样，韩国人也很重视茶会过程中的礼节。出席茶会也多采用民族的服饰韩服。韩服的种类很多，通常根据功能、性别、年龄、用途进行选择出席各种场合的服饰。现代韩服特指的是李氏朝鲜时代定型的民族衣装，女性韩服，崇尚下宽上窄的金字塔形服饰，短上衣和长裙上薄下厚，端庄闲雅。男性韩服，通常是赤古里巴基打底，外面再穿周衣。

贴士

A.女士切忌化浓妆，造型夸张。因为茶会一般都很安静、清雅。

B.不要涂抹香料、香水。浓重的香味会淹没茶的味道，导致其他客人不能闻到茶的真实味道。

工夫茶的全程礼仪

　　工夫茶是潮州人最喜爱的一种饮品，不仅是一种生活习惯，更是一种源远流长的文化传统。工夫茶已是潮汕人习惯的一种待客方式，无论是隆重的集会，或是家常的自斟自饮，甚至在工棚店铺，都随处可见一幅幅擎杯提壶，长斟短酌的情趣画卷。潮州人在长期饮工夫茶交际礼尚中形成了一整套礼仪礼规，无论是对主人，还是对客人来说，都有一番讲究。并形成了相应的饮茶礼仪，有"客来茶当酒"的雅俗。无论在哪个场合，敬茶与饮茶的礼仪都是不可忽视的一环。

备具

　　将所用的茶具准备就绪，按正确顺序摆放好，主要有：茶壶（最好是紫砂壶）、品茗杯、茶盘、白瓷小品杯、茶巾、白色方纸等。

温壶
孟臣沐淋，用沸水冲淋茶壶，提高壶温。

倒水
把温壶后的水倒入水盂（茶盘）。

置茶
乌龙入宫，把乌龙茶拨入茶壶内。

温润泡
用高长而细的水流使茶叶翻滚，达到温润和清洗茶叶的目的。

刮沫
春风拂面，用壶盖轻轻刮去壶口的泡沫。

关公巡城
茶汤快速巡回均匀地分到闻香杯中至七分满。

温杯

温杯洁具，茶壶里洗茶的水烫洗品茗杯，动作舒缓起伏，保持水流不断。

第一泡茶冲水

凤凰三点头，采用三起三落的手法向茶壶注水至满。

养壶

用开水浇淋壶体，洗净壶表，同时达到内外加温的目的。

分茶

把泡好的茶倒入品茗杯中，倒水时力量均匀，水流不间断。

韩信点兵

将最后的茶汤用点斟的手式均匀地分到各个品茗杯中。

三龙护鼎

向客人示意，用拇指和食指扶杯，中指托杯底拿品茗杯。

主人礼节

第一次冲工夫茶，提茶壶向茶壶里冲水时要高，并且要沿壶内边从容冲一周，切忌把开水直冲壶心，以防止冲破"茶胆"，让茶香一下冲掉，这叫做"高冲"。 向茶杯里冲茶水时要低，以防止茶水起泡、变凉，这叫做"低斟"。

往茶壶冲开水时，茶里的杂质、杂味会混和着泡沫浮于壶面，这时要用壶盖将泡沫刮掉。壶盖盖上后，再淋一次开水，把粘附在壶口壶身上的余沫冲走，这叫做"刮沫淋盖"。

冲出来的第一巡茶，主人不能抢先喝第一杯，而要让在座长辈或地位声望高的人先喝。之后再从左到右敬在座其它客人，然后再自家人，最后在全场的人都喝过茶之后，主人才可以喝茶。如果主人一开始就抢先喝茶，这会被认为是对客人不尊重，这叫做"蛮主欺客"或"待人不恭"。

在敬茶时，茶水不能盛满茶杯，因为茶是热的，客人接手时易被烫，有时还因杯热而失手，致茶杯掉落于地，给客人造成尴尬，所以茶满敬人，实是对人不敬，有欺人之举。

当主宾喝茶中间再有客人来时，主人就要撤换茶叶重新冲茶，以表对客人到来的隆重欢迎。如果不换茶就有"慢客"之举，当茶叶冲了几遍后，茶色会变得稀薄，变为"无茶色"，此时也要换茶重冲，以表对客人尊敬之情。否则会使客人认为主人是一个对己冷淡，不尽地主之谊之人。

客人礼节

客人自己端茶杯时，要用右手的拇指和食指端着茶杯的边沿，中指护着杯底，这叫"三龙护宝"，无名指和尾指收紧，不能指向别人，以示对别人的尊重。分茶时，也有讲究，茶盘上三茶杯中先拿哪一杯也很有说法，一般是顺手势拿旁边的一杯，最后的人才拿中间的一杯。

饮茶时，要先将茶杯小心端至上唇边轻闻一下，细细地品味。接着一饮而下，但要留些汤底顺手倒于茶盘中，把茶杯轻轻放下，不可重手放，否则会弄出很大的杯盘碰撞之声来，使人认为这是"强宾压主"之举。最后还要嘴唇翕动两三下，以回味茶香，也表对主人好茶及泡茶技艺高超的赞赏之情。

当主宾饮了一段时间后，客人如果发现茶色稀薄，主人还不换茶，就要懂得主人对己已冷淡，或是话不投机，或是久坐影响其作息时间，是暗下逐客令之意，便要起身告辞，否则就是没趣味，不懂人情世故，更增主人讨厌之情。

5 了解流行的茶道礼仪

　　饮茶品茗，能修身养性，陶冶情操，是我国文化生活中一项颇具典型意义并富有特色的生活艺术。源远流长的中国茶文化凝结着爱茶之人的智慧。在饮茶的过程中接受茶礼的教化，沐浴茶香的熏陶，"美感尽在品茗中，雅趣亦从盏中出"。

　　中国的饮茶礼仪是大众化的，以茶敬客，是每个中国人待人接物的起码礼节，客来敬茶，充分体现了中国人热情好客。注重友情的传统美德。浅浅一杯茶，浓郁着人情美，反映了宾主之间和谐温馨。浅茶慢饮，作为一种审美状态，茶人是把它作为一种程度，一种分寸来把握的，含有我们东方文化中简约、含蓄、宽容，自律的处世哲学。饮茶礼仪之美，可以高雅人的气质，规范人的言行举止，优化人的艺术教养，达到美育之目的。

　　品茶之美，美在意境。闲来独坐，沏上一杯茶，观杯中汤色之美，亦浓亦淡，如酽如醇；看盏中叶芽之美，若眉若花，栩栩如生：赏手中茶具别致，或古朴大方，或精巧玲珑，香雾缭缭，云气袅袅。细啜慢饮，悠悠回味，只觉齿颊留香，清幽扑鼻。此等意境令人心旷神怡，矜持不燥，物我两忘。

茶道的礼仪

我国是茶叶的原产地，茶叶产量堪称世界之最。

嗅茶

主客坐定以后，主人取出茶叶，主动介绍该茶的品种特点，客人则依次传递嗅赏。

装茶

用茶匙向空壶内装入茶叶，通常按照茶叶的品种决定投放量。切忌用手抓茶叶，以免手气或杂味混淆影响茶叶的品质。

请茶

茶杯应放在客人右手的前方。请客人喝茶，要将茶杯放在托盘上端出，并用双手奉上。当宾主边谈边饮时，要及时添加热水，体现对宾客的敬重。客人则需善"品"，小口啜饮，满口生香，而不能作"牛饮"姿态。

续茶

往高杯中续茶水时，左手的小指和无名指夹住高杯盖上的小圆球，用大拇指、食指和中指握住杯把，从桌上端下茶杯，腿一前一后，侧身把茶水倒入客人杯中，以体现举止的文雅。

茶艺

表演茶道技艺，已经成为中国文化的一个组成部分。比如中国的"工夫茶"，便是茶道的一种，有其严格的操作程序

四
以茶当礼带来机遇

1

如何辨别礼茶的优劣

茶叶质量直接体现着茶叶价值，作为礼茶更不能忽视茶叶的价值，要想得到好的茶叶，需要掌握评定茶叶的标准。简单的评定方法可以从茶叶的感官上区分，这主要从九项指标来评定。包括外形五项、整碎、色泽、嫩度、条形、净度；内质四项：汤色、香气、滋味、叶底。

外形五项

整碎 是指茶叶的外形紧结和断碎程度，以匀整为好，断碎为次。 常见的挑选方法是将少量茶叶倒入盘中，使茶叶均匀铺开，依照选用茶种类的特征辨别形状大小、轻重、粗细、整碎，形成有次序的分层。

色泽 干茶色泽与原料嫩度、加工技术有密切关系。各种茶均有一定的色泽要求，如红茶乌黑油润、绿茶翠绿、乌龙茶青褐色、黑茶黑油色等。但是无论何种茶类，好茶均要求色泽一致，光泽明亮，油润鲜活。如果色泽不一，深浅不同，暗而无光，说明原料老嫩不一，做工差，品质劣。

茶叶的色泽还和茶树的产地以及季节有很大关系。如高山绿茶，色泽绿而略带黄，鲜活明亮；低山茶或平地茶色泽深绿有光。制茶过程中，由于技术不当，也往往使色泽劣变。 购茶时，应根据具体购买的茶类来判断。比如龙井，最好的狮峰龙井，其明前茶并非翠绿，而是有天然的糙米色，呈嫩黄。这是狮峰龙井的一大特色，在色泽上明显区别于其他龙井。因狮峰龙井卖价奇高，茶农会制造出这种色泽以冒充狮峰龙井。方法是在炒制茶叶过程中稍稍炒过头而使叶色变黄。真假之间的区别是，真狮峰匀称光洁、淡黄嫩绿，茶香中带有清香；假狮峰则角松而空，毛糙，偏黄色，茶香带炒黄豆香。不经多次比较，确实不太容易判断出来。但是一经冲泡，区别就非常明显了。炒制过火的假狮峰，完全没有龙井应有的馥郁鲜嫩的香味。

嫩度 是决定品质的基本因素，所谓"干看外形，湿看叶底"，就是指嫩度。一般嫩度好的茶叶，容易符合该茶类的外形要求（如龙井之"光、扁、平、直"）。此外，还可以从茶叶有无锋苗去鉴别。锋苗好，白毫显露，表示嫩度好，做工也好。如果原料嫩度差，做工再好，茶条也无锋苗和白毫。但是，不能仅从茸毛多少来判别嫩度，因各种茶的具体要求不一样，如极好的狮峰龙井是体表无茸毛的。再者，茸毛容易假冒，人工做上去的很多。芽叶嫩度以多茸毛做判断依据，只适合于毛峰、毛尖、银针等"茸毛类"茶。这里需要提到的是，最嫩的鲜叶，也得一芽一叶初展，片面采摘芽心的做法是不恰当的。因为芽心是生长不完善的部分，内含成分不全面，特别是叶绿素含量很低。所以不应单纯为了追求嫩度而只用芽心制茶。

条索 是各类茶具有的一定外形规格，如炒青条形、珠茶圆形、龙井扁形、红碎茶颗粒形等等。一般长条形茶，看松紧、弯直、壮瘦、圆扁、轻重；圆形茶看颗粒的松紧、匀正、轻重、空实；扁形茶看平整光滑程度和是否符合规格。一般来说，条索紧、身骨重、圆（扁形茶除外）而挺直，说明原料嫩，做工好，品质优；如果外形松、扁（扁形茶除外）、碎，并有烟、焦味，说明原料老，做工差，品质劣。以杭州地区绿茶条索标准为例：一级、二级、三级、四级、五级、六级的标准分别是：细紧有锋苗、紧细尚有锋苗、尚紧实、尚紧、稍松、粗松。可见，以紧、实、有锋苗为上。

内质四项

汤色 不同茶类有不同的汤色特点。绿茶中的炒青应呈黄绿色，烘青应呈深绿色蒸青应呈翠绿色，龙井则应在鲜绿色中略带米黄色；如果绿茶色泽灰暗、深褐，质量必定不佳。绿茶的汽色应呈浅绿或黄绿，清澈明亮；若为暗黄或混浊不清，也定不是好茶。红茶应乌黑油润，汤色红艳明亮，有些上品工夫红茶，其茶汤可在茶杯四周形成一圈黄色的油环，俗称"金圈"；若汤色时间暗淡，混浊不清，必是下等红茶。乌龙茶则以色泽青褐光润为好。

香气 各类茶叶本身都有香味，如绿茶味清香，上品绿茶还有兰花香、板栗香等，红茶具清香及甜香或花香；乌龙茶具熟桃香等。若香气低沉，定为劣质茶；有陈气的为陈茶；有霉气等异味的为变质茶。就是苦丁茶，嗅起来也具有自然的香气。花茶则更以浓香吸引茶客。

滋味 茶叶的本身滋味由苦、涩、甜、鲜、酸等多种成分构成。其成分比例得当，滋味就鲜醇可口，同时，不同的茶类，滋味也不一样，上等绿茶初尝有其苦涩感，但回味浓醇，令口舌生津；粗老劣茶则淡而无味，甚至涩口、麻舌。上等红茶滋味浓厚、强烈、鲜爽；低级红茶则平淡无味。苦丁茶入口是很苦的，但饮后口有回甜。

叶底 从茶叶的外形可以判断茶叶的品质，因为茶叶的好坏与茶采摘的鲜叶直接相关，也与制茶相关，这都反映在茶叶的外形上。如好的龙井茶，外形光、扁平、直，形似碗钉；好的珠茶，颗粒圆紧、均匀；好的工夫红茶条索紧齐，红碎茶颗粒齐整、划一；好的毛峰茶芽毫多、芽锋露等等。如果条索松散，颗粒松泡，叶表粗糙，身骨轻飘，就算不上是好茶了。

2

送什么茶有面子（细说十大名茶）

茶，自古至今无论是品种、泡法、季节选用都很讲究。所以送茶也是一门学问，茶不分好坏，只要茶的质量好，受到客人的喜爱都叫好茶。选茶首先要了解茶的相关知识，例如：产地、产出季节、内在的功效、特征、适合人群。才能在送茶礼时候不露怯。在这里我们介绍中国十大名茶，每种有着不同的特征，适合不同人群和季节，可以根据具体情况选用作为礼茶。

西湖龙井

　　西湖龙井，属于绿茶。居于中国名茶之首，被列为国家外交礼品茶。产于浙江省杭州市西湖附近的狮峰山、云栖，梅家坞、虎跑、灵隐等一带，其中多认为以产于狮峰的品质为最佳。

　　西湖龙井每年采摘三次，分别为清明前、谷雨前、立夏前。明前茶，主要采摘嫩芽所以又称"莲心"。产量极少。一个熟练的采茶人每天最多采摘600克，极为珍贵。谷雨前与明前茶相比，多采摘一芽一叶，外形似旗，故称"旗枪"。立夏前，多采摘一芽两叶，外形似雀舌，称为"雀舌"。因原料等级不同，西湖龙井茶的加工炒制，加工技术也不尽相同，产品各有特色。特级西湖龙井茶全是采取手工炒制。鲜嫩的条芽，在80℃的温度下加工，要求保持茶叶的颜色、香味和美观。外形挺直削尖、扁平俊秀、光滑匀齐、色泽绿中显黄。冲泡后，香气清高持久，香馥若兰；茶汤色杏绿，清澈明亮，叶底嫩绿，匀齐成朵，龙井芽芽直立。品饮茶汤，沁人心脾，齿间流芳，回味无穷。

适合人群

· 长期使用电脑的人群、中老年人、青少年。

适合饮用季节

· 春季、夏季。

保健功效

A. 提神作用

　　茶叶的咖啡碱能兴奋中枢神经系统，帮助人们振奋精神、增进思维、消除疲劳、提高工作效率。

B. 利尿作用

　　茶叶中的咖啡碱和茶碱具有利尿作用。

C. 抑制动脉硬化作用

　　茶叶中的茶多酚和维生素C都有活血化淤防止动脉硬化的作用。所以经常饮茶的人当中，高血压和冠心病的发病率较低。

D. 抗菌、抑菌作用

　　茶中的茶多酚和鞣酸作用于细菌，能凝固细菌的蛋白质，将细菌杀死。用浓茶冲洗患处，有消炎杀菌作用。口腔发炎、溃烂、咽喉肿痛，用茶叶来治疗，也有一定疗效。

E. 减肥作用

　　茶中的咖啡碱、肌醇、叶酸、泛酸和芳香类物质等多种化合物，能调节脂肪代谢，特别是乌龙茶对蛋白质和脂肪有很好的分解作用。茶多酚和维生素C能降低胆固醇和血脂，所以饮茶能减肥。

F. 防龋齿作用

　　茶中含有氟，氟离子与牙齿的钙质有很大的亲和力，就像给牙齿加上一个保护层，提高了牙齿防酸抗龋能力。

G. 抑制癌细胞作用

　　据报道，茶叶中的黄酮类物质有不同程度的体外抗癌作用。

冲泡方法

中投法冲泡龙井茶

器具：随手泡、玻璃杯、茶荷、茶匙、茶盘（水盂）。

选水：水温85～90℃开水。

① 温杯：将煮开的热水倒入杯中至三分满。
② 倒水：将温杯的水倒入茶盘中。
③ 冲水：置杯的三分满。

④ 置茶：用茶则将茶叶放入杯中。

⑤ 冲水：再次冲水至杯的七分满，此次冲水时使水的节奏上下提拉三次水流不断，称为"凤凰三点头"表示对宾客的欢迎。

⑥ 品饮：慢慢品饮清香茶汤。

洞庭碧螺春

洞庭碧螺春，又称"吓煞人香"，中国名茶之一，属于绿茶。产于江苏省苏州吴县太湖洞庭山，具有特殊的果间产茶区。茶树和桃、李、杏、梅、柿、桔、白果、石榴等果木交错种植，一行茶蓬，一行果树。茶树、果树枝桠相连，根脉相通，茶吸果香，花窨茶味，陶冶着碧螺春花香果味的天然品质。碧螺春乃茶中珍品，以"形美、色艳、香高、味醇"闻名中外。外形条索纤细，卷曲成螺，满披茸毛，色泽碧绿。冲泡后，味鲜生津，清香芬芳，汤绿水澈，叶底细、匀、嫩。

适合人群

·长期使用电脑的人群、中老年人、青少年。

适合饮用季节

·春季、夏季。

贮藏要求

·碧螺春贮藏条件十分讲究。传统的贮藏方法是纸包茶叶，袋装块状石灰，茶、灰间隔放置缸中，加盖密封吸湿贮藏。随着科学的发展，近年来亦有采用三层塑料保鲜袋包装，分层紧扎，隔绝空气，放在10℃以下冷藏箱或电冰箱内贮藏的方法，此法久贮年余，其色、香、味犹如新茶，鲜醇爽口。

如何选购碧螺春

　　好的碧螺春具有"新、匀、净、香、干"这五大特点。我们购买碧螺春时，应本着这五点来挑选。

· 新：就是指茶是当年的新茶。品饮碧螺春，一定要喝新茶。

· 匀：就是指茶的色泽要均匀，银白隐绿。外形也要均匀，长短一致。

· 净：就是指茶的净度要高。无杂质。

· 香：就是指茶的香气要纯。好的碧螺春有天然的花果香气。

· 干：就是指茶的干燥程度。茶叶的含水量不得超过6%。

　　怎么来掌握这五点呢？我们可以用看、闻、品这几种办法来确定。

· 看：先看茶的外形，好的碧螺春，应该叶形成螺状，芽叶细嫩，叶身上有白色毫毛。色泽银白并隐含着绿色。看完外形，我们就来看茶的汤色。好的碧螺春冲泡出来的茶汤应该是碧绿、清澈、有光泽的。

· 闻：先闻干茶。好的碧螺春，有天然的花果香气。无杂味。再来闻冲泡好的热茶，同样有明显的花果香气。最后可以闻一下冷茶，当茶放凉后，再来闻一下，如果香气仍然持久，就是好茶了。

· 品：好的碧螺春，火功合适，不老不生。茶汤鲜爽、醇厚。饮后有明显的回甘感、舌底生津、满口留香、神清气爽。

冲泡方法

上投法冲泡碧螺春

器具：随手泡、玻璃杯、茶荷、茶匙、茶盘（水盂）。

选水：水温75～80℃开水。

① 温杯：将烧开的水倒入杯中至三分满。

② 倒水：将温杯的水倒入茶盘中。

③ 正泡冲水：将开水冲入杯中至七分满。

④ 凉水至80℃再冲泡茶叶。

⑤ 投茶：用茶匙将茶叶从茶
荷中轻轻拨入杯中。

⑥ 品饮：慢慢品饮清香茶汤。

黄山毛峰

  中国历史名茶之一，徽茶，属于绿茶。产于安徽省太平县以南，歙县以北的黄山。分布在云谷寺、松谷庵、吊桥庵、慈光阁以及海拔1200米的半山寺周围。每年清明谷雨，选摘初展肥壮嫩芽，手工炒制。该茶外形微卷，状似雀舌，绿中泛黄，银毫显露，且带有金黄色鱼叶（俗称黄金片）。入杯冲泡雾气结顶，汤色清碧微黄，叶底黄绿有活力，滋味醇甘，香气如兰，韵味深长。由于新制茶叶白毫披身，芽尖峰芒，且鲜叶采自黄山高峰，遂将该茶取名为黄山毛峰。

适合人群

· 长期使用电脑的人群、中老年、青少年。

适合饮用季节

· 春季、夏季。

辨别特级黄山毛峰

· 特级黄山毛峰的采摘标准为一芽一叶初展，以"鱼叶黄金"和"色似象牙"为主要外形特征，从外形上就能与其他毛峰区别开。

黄山毛峰国家标准中各等级茶叶的感官指标

级别	外形	内质			
		香气	汤色	滋味	味底
特级一等	芽头肥壮，匀齐，形似雀舌，毫显，嫩绿泛象牙色，有金黄片	嫩香馥郁持久	嫩黄绿，清澈鲜亮	鲜醇、爽回甘	嫩黄匀亮，鲜活
特级二等	芽头肥壮，较匀齐，形似誊舌，毫显，嫩绿润	嫩香高长	嫩黄绿，清澈明亮	鲜醇、爽	嫩匀，嫩绿明亮
特级三等	芽头尚肥壮，较匀齐，毫显，绿润	嫩香	嫩绿明亮	较鲜醇、爽	较嫩匀，绿亮
一级	芽叶较肥嫩，较匀齐，显毫，绿润	清香	嫩绿亮	鲜醇	较嫩匀，黄绿亮
二级	芽叶较肥嫩，较整，显毫，条稍弯，绿润	清香	黄绿亮	醇厚	尚嫩匀，黄绿亮
三级	芽叶尚肥嫩，条略卷，尚匀，尚绿润	清香	黄绿亮	尚醇厚	尚匀，黄绿

冲泡方法

盖碗冲泡黄山毛峰

器具：随手泡、手绘盖碗、公道杯、品茗
　　　杯、茶荷、茶匙、滤网、茶盘（水
　　　盂）。

选水：水温90～95℃开水。

① 温盖碗：随手泡冲水入盖
　碗中。

② 温公道杯：用温过盖碗的
　水温烫公道杯。

③ 温杯：将公道杯中的水温
　烫品茗杯。温杯后的废水
　倒至茶盘（水盂）即可。

④ 置茶：用茶则将茶叶从茶荷中移至杯中。

⑤ 冲水：第一泡茶冲水，提壶高冲，激发茶性。

⑥ 出汤：将杯中的茶汤冲入公道杯中，目的是使茶汤均匀。

⑦ 分茶：将公道杯中的茶汤分别分入品茗杯中至杯的七分满。

安溪铁观音

　　我国著名的乌龙茶之一，属青茶类。介于绿茶和红茶之间，属于半发酵茶类，铁观音独具"观音韵"，清香雅韵。安溪铁观音茶历史悠久，素有茶王之称。产于福建省安溪县包括蓝田、西坪、虎邱、大坪、长坑、祥华、感德、剑斗等主产区。安溪县境内多山，气候温暖，雨量充足，茶树生长茂盛，茶树品种繁多，姹紫嫣红，冠绝全国。安溪铁观音茶，一年可采四期茶，分春茶、夏茶、暑茶、秋茶。制茶品质以春茶、秋茶为最佳。其制作工序分为晒青、摇青、凉青、杀青、切揉、初烘、包揉、复烘、烘干九道工序。品质优异的安溪铁观音茶条索肥壮紧结，质重如铁，青蒂绿，红点明，甜花香高，甜醇鲜爽，具有独特的品味，回味香甜浓郁，冲泡七次仍有余香。

适合人群

·中老年人、青少年。

适合饮用季节

·春季、秋季。

保健功效

抗菌的功效

  乌龙茶中含有丰富的儿茶素，俗称"茶单宁"，是茶叶特有成份，具有苦、涩味及收敛性。在茶汤中可与咖啡因结合而缓和咖啡因对人体的生理作用。具抗氧化、抗突然异变、抗肿瘤、降低血液中胆固醇及低密度酯蛋白含量、抑制血压上升、抑制血小板凝集、抗菌、抗食物过敏等功效。

冲泡方法

器具：随手泡、紫砂壶、公道杯、品茗杯、
　　　闻香杯、茶荷、茶匙、滤网、茶盘
　　　（水盂）。

选水：水温95℃以上沸水

① 温盖碗。

② 温公道杯。

③ 温杯：将公道杯中的水温
　　烫闻香杯、品茗杯。温杯
　　后废水倒至茶盘。

④ 置茶：将选用好的茶叶用茶匙拨至壶中。

⑤ 冲水：第一泡茶冲水，根据所选用的茶叶控制泡茶的时间，一般乌龙茶第一泡在45秒钟左右。

⑥ 出汤：将壶中的茶汤冲入公道杯中，目的是使茶汤均匀。

⑦ 分茶：将公道杯中的茶汤分别分入闻香杯中至杯的七分满。

君山银针

我国著名黄茶之一。产于湖南岳阳洞庭湖中的君山，岛上土壤肥沃，多为砂质土壤，年平均温度16～17℃，年降雨量为1340毫米左右，相对湿度较大，三月至九月间的相对湿度约为80％，气候非常湿润。春夏季湖水蒸发，云雾弥漫，岛上树木丛生，自然环境适宜茶树生长。外形形细如针，茶芽头茁壮，长短大小均匀，茶芽内面呈金黄色，色泽鲜亮，外层白毫显露完整，而且包裹坚实，茶芽外形很像一根根银针，香气高爽，汤色橙黄，滋味甘醇。其成品雅称"金镶玉"。据说文成公主出嫁时就选带了君山银针茶带入西藏。

适合人群

·中老年人、青少年。

适合饮用季节

·春季、夏季、秋季。

冲泡方法

盖碗冲泡君山银针

器具：随手泡、盖碗、公道杯、品茗杯、茶荷、茶匙、滤网、茶盘（水盂）。
选水：水温90～95℃开水。

① 温盖碗。

② 温公道杯。

③ 温杯：将茶海中的水温烫
品茗杯。温杯后的废水倒
入茶盘。

④ 置茶：将选用好的茶叶用 茶则放至杯中。

⑤ 冲水：第一泡茶冲水，提壶高冲，激发茶性。

⑥ 出汤：将杯中的茶汤冲入 公道杯中，目的是使茶汤 均匀。

⑥ 分茶：将公道杯中的茶汤分别分入品茗杯中至杯的七 分满。

信阳毛尖

　　中国名茶之一，亦称"豫毛峰"，属于绿茶。产于河南信阳西部董家河、河港、吴家店乡的深山区车云山、集云山、天云山、云雾山、震雷山、黑龙潭和白龙潭等群山峰顶上，以车云山天雾塔峰为最。外形一般一芽一叶或一芽二叶。条索紧细、圆、光、直，银绿隐翠多白毫、香气鲜高、滋味鲜醇、汤色清绿。以其独特风格而饮誉中外。具有生津解渴、清心明目、提神醒脑、去腻消食等多种功能。

适合人群

· 长期使用电脑的人群、中老年、青少年。

适合饮用季节：

· 春季、夏季。

保健功效

· 信阳毛尖具有强身健体、生津解渴、清心明目、提神醒脑、去腻消食、抑制动脉粥样硬化以及防癌、防治坏血病和防御放射性元素等多种功能。常喝毛尖茶，能降低血压。

冲泡方法

盖碗冲泡信阳毛尖

器具：随手泡、盖碗、公道杯、品茗杯、
　　　茶荷、茶则、滤网、茶盘（水盂）。

选水：水温90～95℃开水。

① 温盖碗。

② 温公道杯。

③ 温杯：将公道杯中的水再
温烫品茗杯。用后废水倒
入茶盘。

④ 冲水：第一泡茶冲水，提壶高冲，激发茶性。

⑤ 将开水凉至80℃。

⑥ 往杯子倒入茶叶。

⑥ 出汤：将壶中的茶汤冲入茶海中，目的是使茶汤均匀。

⑦ 分茶：将公道杯中的茶汤分别分入品茗杯中至杯的七分满。

祁门红茶

　　中国名茶之一，属于红茶。祁门产茶创制于光绪元年（公元1875年），已有百余年的生产历史。产于安徽省祁门、东至、贵池、石台、黟县，以及江西的浮梁一带。当地的茶树品种高产质优，植于肥沃的红黄土壤中，而且气候温和、雨水充足、日照适度，所以生叶柔嫩且内含水溶性物质丰富，又以八月份所采收的品质最佳。祁红外形条索紧细匀整，锋苗秀丽，色泽乌润，俗称"宝光"。内质清芳并带有蜜糖香味，上品茶更蕴含着兰花香称"祁门香"。汤色红艳明亮，滋味甘鲜醇厚，叶底红亮。清饮最能品味祁红的隽永香气，即使添加鲜奶亦不失其香醇。在红遍全球的红茶中，祁红独树一帜，百年不衰，是红茶中的极品，享有盛誉，是英国女王和王室的至爱饮品，高香美誉，香名远播，美称"群芳最""红茶皇后"。

适合人群

· 女性，中老年人、青少年。

适合饮用季节

· 秋季、冬季。

保健功效

(1) 提神消疲的功效

　　红茶中的咖啡碱能刺激大脑皮质来达到兴奋神经中枢，促进提神、思考力集中的

目的，进而使思维反应更加敏锐，记忆力增强；它也对血管系统和心脏有兴奋作用，强化心搏，从而加快血液循环以利新陈代谢，同时又促进发汗和利尿，由此双管齐下加速排泄乳酸(使肌肉感觉疲劳的物质)及其他体内老废物质，达到消除疲劳的效果。

(2) 生津清热的功效

　　茶中的多酚类、醣类、氨基酸、果胶等与唾液产生化学反应，且刺激唾液分泌，使口腔保持滋润，并且产生清凉感；同时咖啡碱控制下视丘的体温中枢，调节体温，它也刺激肾脏以促进热量和污物的排泄，维持体内的生理平衡。

(3) 利尿

　　咖啡碱和芳香物质联合作用下，增加肾脏的血流量，提高肾小球过滤率，扩张肾微血管，并抑制肾小管对水的再吸收，于是促成尿量增加。

(4) 消炎杀菌

　　多酚类化合物具有消炎的效果，再经过实验发现，儿茶素类能与单细胞的细菌结合，使蛋白质凝固沉淀，借此抑制和消灭病原菌。

(5) 解毒

　　红茶中的茶多酚能吸附重金属和生物碱，并沉淀分解，这对饮水和食品受到工业污染的现代人而言，不啻是一项福音。

(6) 养胃

　　红茶经过发酵烘制而成的，茶多酚在氧化酶的作用下发生酶促氧化反应，含量减少，对胃部的刺激性就随之减小了。另外，这些茶多酚的氧化产物还能够促进人体消化，因此红茶不仅不会伤胃，反而能够养胃。经常饮用加糖的红茶、加牛奶的红茶，能消炎，保护胃黏膜，对治疗溃疡也有一定效果。

冲泡方法

器具：随手泡、瓷壶、公道杯、品茗杯、公
　　　道杯、茶荷、茶则、滤网、茶盘（水
　　　盂）。

选水：水温100℃以上沸水。

① 温壶：将随手泡中的热水
　　冲入壶中温烫。

② 温公道杯。

③ 温杯：将公道杯中的水温
　　烫品茗杯。废水倒入茶盘。

④置茶：将选用好的茶叶用茶则放入壶中。

⑤冲水：第一泡茶冲水，提壶高冲，激发茶性，充分发挥红茶的色、香、味。

⑥出汤：将壶中的茶汤冲入公道杯中，目的是使茶汤均匀。

⑦分茶：将公道杯中的茶汤分别分入品茗杯中至杯的七分满。

六安瓜片

　　六安瓜片，属于绿茶。产于安徽西部大别山茶区，分内山瓜片和外山瓜片两个产区。其中以六安、金寨、霍山三县所产最佳。是名茶中唯一以单片嫩叶炒制而成的产品，堪称一绝。外形成单片，平展、顺直、匀整，叶边背卷、平展，不带芽梗，形似瓜子，因而得名"六安瓜片"。色翠绿，叶被白霜，明亮油润。汤色清澈，香气高长，滋味鲜醇，叶底黄绿匀高，耐冲泡。

适合人群

· 长期使用电脑的人群、中老年人、青少年。

适合饮用季节

· 春季、夏季。

保健功效

· 有利于预防和抑制癌症；有利于心血管疾病的保健治疗；有利于减肥和清理肠道脂肪；有利于清热除燥、排毒养颜。

冲泡方法

陶杯冲泡六安瓜片

器具：随手泡、陶杯、茶荷、茶匙、茶盘（水盂）。

选水：水温85～90℃开水

① 温套壶。

② 取出内胆。

③ 倒水。

④ 放入内胆后，投茶。

⑤ 冲水：高冲水至杯的七分满，可以使茶叶在杯中翻滚，从而激发茶性香高，汤色均匀。

⑥ 取出装有茶叶的内胆。

⑦ 品茶，赏看茶底。

凤凰水仙

　　我国著名的乌龙茶之一，属青茶类。产于广东省潮安县凤凰山区。分布于广东潮安、饶平、丰顺、焦岭、平远等县，为有性群体，小乔木型，主干粗，分枝粗壮较疏，较直立或半开展。外形呈长椭圆形或椭圆形，多数平展或略向叶面卷，色泽绿，有油光，或淡绿欠油光，先端多突尖，叶尖下垂，略似鸟嘴，因此当地农民称之为"乌嘴茶"。

适合人群

· 女性、中老年人、青少年。

适合饮用季节

· 春季、夏季、秋季、冬季。

冲泡方法

器具：随手泡、紫砂壶或泥壶、公道杯、品茗杯、
　　　茶荷、茶则、滤网、茶盘（水盂）。
选水：水温95℃以上沸水。

① 温壶：将随手泡中的热水冲入壶中温烫。

② 温公道杯。

③ 温杯：将公道杯中的水温烫闻香杯、品茗杯。废水倒入茶盘。

④ 置茶：将选用好的茶叶用茶则放入壶中。

⑤ 冲水：第一泡茶冲水，根据所选用的茶叶控制泡茶的时间。

⑥ 出汤：将壶中的茶汤冲入公道杯中，目的是使茶汤均匀。

⑦ 分茶：将公道杯中的茶汤分别分入品茗杯中至杯的七分满。

119

太平猴魁

太平猴魁，属绿茶，是中国历史名茶。产于安徽省黄山市北麓的黄山区（原太平县）新明、龙门、三口一带。主产区位于新明乡三门村的猴坑、猴岗、颜家。尤以猴坑高山茶园所采制的尖茶品质最优。外形两叶抱芽，扁平挺直，自然舒展，白毫隐伏，有"猴魁两头尖，不散不翘不卷边"之称。叶色苍绿匀润，叶脉绿中稳红，兰香高爽，滋味醇厚回甘，有独特的猴韵，汤色清绿明澈，叶底嫩绿匀亮，芽叶成朵肥壮。

适合人群

· 长期使用电脑的人群、中老年人、青少年。

适合饮用季节

· 春季、夏季。

猴魁的品质分级：

· 猴魁分为五个级别：极品、特级、一级、二级、三级。

  极品： 外形扁展挺直，魁伟壮实，两叶抱一芽，匀齐，毫多不显，苍绿匀润，部分主脉暗红；汤色嫩绿明亮；香气鲜灵高爽，有持久兰花香；滋味鲜爽醇厚，回味甘甜，独具"猴韵"，叶底嫩匀肥壮，成朵，嫩黄绿鲜亮。

特级：外形扁平壮实，两叶抱一芽，匀齐，毫多不显，苍绿匀润，部分主脉暗红；汤色嫩绿明亮，香气鲜嫩清高，兰花香较长；滋味鲜爽醇厚，回味甘甜，有"猴韵"；叶底嫩匀肥厚，成朵，嫩黄绿匀亮。

一级：外形扁平重实，两叶抱一芽，匀整，毫隐不显，苍绿较匀润，部分主脉暗红；汤色嫩黄绿明亮；香气清高，有兰花香；滋味鲜爽回甘，有"猴韵"；叶底嫩匀成朵，黄绿明亮。

二级：外形扁平，两叶抱一芽，少量单片，尚匀整，毫不显，绿润；汤色黄绿明亮；香气清香带兰花香；滋味醇厚甘甜；叶底尚嫩匀，成朵，少量单片，黄绿明亮。

三级：外形两叶抱一芽，少数翘散，少量断碎，有毫，欠匀整，尚绿润；汤色黄绿尚明亮；香气清香纯正；滋味醇厚；叶底尚嫩欠匀，成朵，少量断碎，黄绿亮。

冲泡方法

下投法冲泡太平猴魁

器具：随手泡、玻璃杯、茶荷、茶夹、茶
　　　盘（水盂）。

选水：水温85～90℃开水。

① 温杯：温烫玻璃杯。

② 废水倒入茶盘。

④ 置茶：用茶夹将茶叶从茶
荷中轻轻夹入杯中。

贴士

在这几种玻璃杯泡茶法中，要注意的是，在最后的奉茶时一是避免误用手指接触上面杯口处；二是双手持杯底奉茶，这样做的好处是不会烫伤手指，原因是杯底的玻璃层比较厚。

⑥ 冲水：冲水至杯的七分满，此次冲水时使水的节奏上下提拉三次水流不断，称为"凤凰三点头"表示对宾客的欢迎。高冲可以使茶叶在杯中翻滚，从而激发茶性香高，汤色均匀。

3

我国的重点茶区及茶文化

中国拥有辽阔的土地，产茶区主要分布在我国南部，大体分为四个产区：西南茶区、华南茶区、江南茶区、江北茶区。但不代表其他地区的人不饮茶，只是茶树的生长需要一定气候环境，就如椰树更适合在热带生长一样，有些茶树是有严格的水土栽培条件的。了解你的客户是哪里人，了解那个地区的茶文化特点，在交流过程中选用一款适合他的茶，使他感觉到你的细心，有助于商务合作的顺利进展。

(1) 西南茶区

西南茶区位于我国西南部，包括云南的中、北部、贵州、重庆、四川等，是我国最古老的产茶区。该地区气候属于亚热带季风气候，地势较高、地形复杂、气候差别很大，年降水量1000～1700毫米，但分布不是很均匀。7月属于雨季，冬季、春季虽有时会干旱。但总体来说适合茶树的生长。大叶种茶树是这一茶区的特色。

(2) 华南茶区

华南茶区位于我国南部，包括福建南部、广西中南部、广东中南部、云南南部、海南、台湾。该地区属于边缘热带气候区，年平均温度在18～24℃，年降水量在1200～2000毫米。适合茶树的生长。包括乔木、小乔木、灌木3种类型的茶树，以大叶种茶树为主，是乌龙茶、黑茶、普洱茶的重要产区，这个茶区也产包括绿茶、红茶、花茶等其他茶类。

(3) 江北茶区

　　江北茶区位于我国长江中下游北部，包括江苏、安徽、湖北北部、陕西、河南、甘肃南部、山东东部。该地区气候属于亚热带的暖温带季风气候，雨量极少、气候寒冷。不像西南和华南茶区适合茶树的生长。年平均温度在13～16℃，甚至更低。年降水量1000毫米以下，茶树以灌木类型的茶树为主，主要产绿茶。

(4) 江南茶区

　　江南茶区位于我国长江中下游南部，包括广西、广东、福建中北部、安徽、江苏南部、湖北、湖南、浙江、江西。该地区属于南亚热带、中亚热带季风气候。四季分明、温暖、湿润年平均温度在15～18℃，年降水量在1100～1600毫米。适合茶树的生长茶树主要有小乔木、灌木类型的茶树，主要产绿茶、红茶、黑茶、花茶等。

福建省茶文化

　　福建省是我国产茶的重要地区，有一千年的茶文化历史，是茶文化的发祥地。盛产的名茶，各具特色，主要包括红茶、绿茶、白茶、乌龙茶。其中乌龙茶最为著名，被誉为乌龙茶的故乡，乌龙茶的制作工艺介于红茶和绿茶之间，属半发酵茶，外形紧结重实，包括安溪的铁观音、黄金桂、龙须茶、永春佛手、八仙茶，品种繁多。还有具有独特韵味的武夷岩茶，包括武夷水仙、大红袍、肉桂等。福建人制茶讲究，从种茶、制茶、售茶到品茶、赛茶，讲究品茶文化独特的泡制手法，构成独特的福建区域人文特征。近些年来，福建的安溪铁观音不断升温，观音铁韵，韵味深长。

其他茶类品种

- 绿茶：有南安的石亭绿，罗源的七境堂绿茶，龙岩的斜背茶，宁德的天山绿茶，福鼎的莲心茶等。
- 白茶：有政和、福鼎的白毫银针、白牡丹，福安的雪芽等。
- 花茶：有福州的茉莉花茶，还有茉莉银毫、茉莉春毫、茉莉雀舌毫等。
- 红茶：有福鼎的白琳工夫，福安的坦洋工夫，崇安的正山小种等。

安徽省茶文化

安徽也是我国重要的产茶区，十大名茶中安徽产区就包括5种。主要包括红茶、绿茶、白茶、黄茶。主要以绿茶最为著名，包括黄山毛峰、太平猴魁、六安瓜片、黄山银钩、老竹大方。其次还有不可不提的红茶——安徽祁门红茶。

江西省茶文化

江西不仅是一个风景美丽的城市，更是一个茶文化丰富的城市。主要产绿茶。包括婺源茗眉、庐山云雾、井冈翠绿、双井绿等。同时还有广受欢迎的红茶宁红工夫。

在绿茶中值得一提的是"婺源茗眉"，在全国名茶评比中被列为全国名茶之一。婺源茗眉的生长环境和鲜叶要求都很严格。此茶生长在海拔1000余米的鄣公山，地势高峻，峰峦起伏，气候温和，雨量充沛，土壤肥沃，四季云雾不绝，具有栽培茶树的优越自然条件。采摘标准为一芽一叶初展，采白毫显露、芽叶肥壮、大小一致、嫩度一致、无病虫为害的芽叶，忌采紫色芽叶。要求在晴天雾散后采，保持叶表无露水。要细心提采，不用指甲掐采，以免红蒂。外形弯曲似眉，翠绿紧结，银毫披露；内质香高，鲜浓持久；滋味鲜爽甘醇。

浙江省茶文化

- 西湖龙井：西湖龙井茶始于宋，闻于元，扬于明，盛于清，古称龙井茶，是西子湖畔一颗灿烂的明珠，它孕育于得天独厚的自然环境间，凝西湖山水之精华，聚中华茶人之智慧，具有悠久的历史和丰富的文化内涵；素以"色绿，香郁，味甘，形美"四绝著称于世。
- 安吉白茶：安吉白茶产于黄浦江源头的浙西北天目山山麓。生态环境优越，品质特异，成茶外形细紧，形如凤羽。色如玉霜，光亮油润，香山气清高馥郁，滋味清爽甘醇，汤色鹅黄，清澈明亮。
- 径山茶：径山茶自唐宋以来历以"崇尚自然，追求绿翠，讲究真色，真香，真味"著称，现为浙江省名牌产品。

江苏省茶文化

- 碧螺春：碧螺春茶条索紧结，卷曲如螺，白毫毕露，银绿隐翠，叶芽幼嫩，冲泡后茶味徐徐舒展，上下翻飞，茶水银澄碧绿，清香袭人，口味凉甜，鲜爽生津，早在唐末宋初便列为贡品。
- 雨花茶：雨花茶是南京特产全国十大名茶之一。雨花茶的产地在南京城郊，茶叶外形圆绿，如松针，带白毫，紧直。冲泡后茶色碧绿、清澈，香气清幽。品饮一杯，沁人肺腑，齿颊留芳，滋味醇厚,回味甘甜。

广东省茶文化

乌龙茶有凤凰乌龙、凤凰水仙、岭头单枞、大叶奇兰等。

红茶有英德红茶、荔枝红茶、玫瑰红茶等。

广西茶文化

·六堡茶：

属黑茶类。已有200多年的生产历史。六堡茶有散茶和篓装紧压茶两种，六堡散茶直接饮用，民间常把已贮存数年的陈六堡茶，用于治疗痢疾，除瘴、解毒。干茶色泽褐黑光润，叶条粘结成块，间有黄色菌类孢子，味醇和适口，汤色呈深紫红色，但清澈而明亮，叶色红中带黑而有光泽。有槟榔香、槟榔味、槟榔汤色是六堡茶质优的标志。且耐于久藏，越陈越好，素以"红、浓、陈、醇"四绝而著称。具有可清热解毒、生津止渴、消食除滞的功效。

·凌云白毫茶：

凌云白毫茶原名白毛茶，在凌云栽培已有三百多年的历史，因其叶背长满白毫而得名。经过精细采摘和加工后制成的白毫茶，条索紧结，白毫显露，形似银针，汤色嫩绿，香气馥郁持久，滋味浓醇鲜爽，回味清甘绵长，有板栗香，叶底呈青橄榄色。

湖北茶文化

说到湖水茶文化，不能不提到陆羽。陆羽，出生于湖北天门，生活在唐朝时期，他撰写的《茶经》，对有关茶树的产地、形态、生长环境以及采茶、制茶、饮茶的工具和方法等进行了全面的总结，是世界上第一部茶叶专著。《茶经》成书后，对我国茶文化的发展影响极大，陆羽被后世尊称为"茶神"、"茶圣"、"茶博士"。

红茶有宜红等。

绿茶有思施的玉露，宜昌的邓村绿茶、云雾毛尖等。

湖南省茶文化

黄茶有君山银针，黑茶有湖南黑茶。

河南省茶文化

绿茶有信阳的信阳毛尖、固始的仰天雪绿、桐柏的太白银毫等。

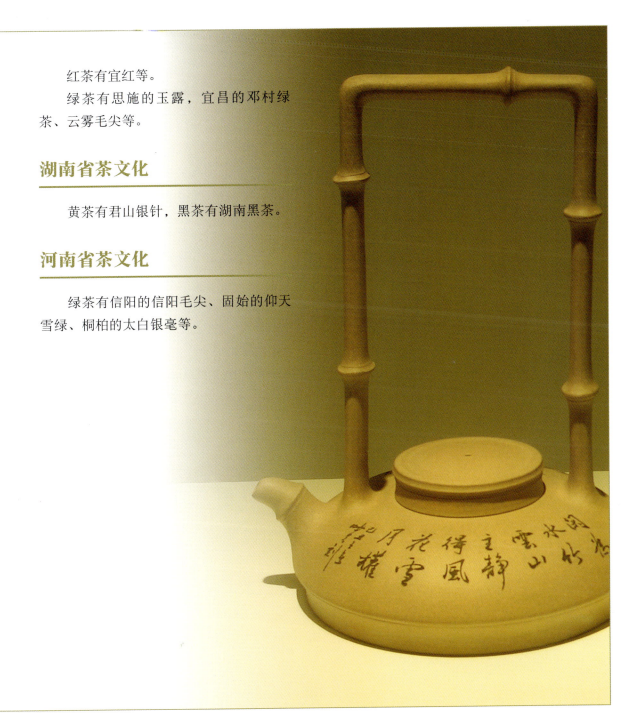

4

俗话说好马配好鞍，一款好的茶，也要配上精致的包装。才会显得更正式，显示出送礼之人的心意。不管是企业主还是企业的一名员工、在策划、宣传、营销过程中都希望在客户面前做得与众不同，展示个人的魅力，同时树立企业的形象。使每一次合作过程都得到成功。在学习茶知识后，选上一款适合的茶作为礼物，采用突出主题的造型、结构、文字、包装，会给你的客户留下最深的印象。

在包装过程中，要考虑很多因素，最重要的是技术性。这里所说的技术，不是某一项技能，而是考验你是否真了解每一种茶的特性。在包装过程中选用适当的包装材质、手法，使茶质保持一个稳定的状态，不易变质。

黑茶、普洱茶的包装

黑茶、普洱属于后发酵茶，在包装上不必很讲究。与空气的接触不但不会影响茶的质量，反而茶与空气接触使之不断氧化，口感会更加温和。所以一般这类茶的包装不采用锡箔纸抽真空，只要简单的棉质，配上原生态的草编小篓就行，民族特色为最佳。

黄茶、白茶、绿茶、红茶

多采用锡箔纸包装，与空气隔绝，主要是防止与其他带有香味的物质串味，一般不抽真空，因为会将茶叶弄碎。

青茶

青茶的包装要注意如下方面。

(1) 隔绝性

多采用锡箔纸包装与空气隔绝，主要是防止与其他带有香味的物质串味，外形紧结的乌龙茶多采用抽真空。

(2) 保护性

包装的另一个作用是保护，给简易包装的青茶用各种材质的茶叶盒包裹起来主要是防潮、防虫、防碎、防挤压。

(3) 美观性

包装的外形也很讲究，结构、颜色、图案、文字首先会抓住人们的第一印象，所以在以茶作为礼物时首先要突出茶叶的类型，不用打开包装，就能一目了然地辨认出这是哪一种茶，这一点很重要，直接关系到客人是否会喜欢。其次，根据不同国家、不同地方的习俗，挑选适合的颜色图案，免去对客人的不敬。例如：巴西人不喜欢紫色。

(4) 便利性

选用包装要注重这款包装是否方便拿取，过于复杂的包装不适合携带，如果客人是从较远的地方来洽谈，在旅途中就不方便携带，会给客人造成不必要的麻烦。

随茶叶赠什么茶具合适？

现代人所说的"茶具"。主要指茶壶、茶杯、茶勺这类饮茶器具。事实上，现代茶具的种类是屈指可数的。还是古代"茶具"的概念范围更宽泛。唐文学家皮日休《茶具十咏》中所列出的茶具种类有"茶坞、茶人、茶笋、茶籝、茶舍、茶灶、茶焙、茶鼎、茶瓯、煮茶。"其中"茶坞"是指种茶的凹地。"茶人"指采茶者，如《茶经》说："茶人负以(茶具)采茶也。"现代，作为礼物的茶具主要是茶壶和茶杯及茶玩等。送什么样的茶具最得体？这主要根据茶具的质地划分，每种质地的茶具都有自己的特征，可以根据选用者的偏好或是平时多饮哪一种茶类来选用。选用与茶叶相适应最得体的。

瓷器茶具

瓷器茶具的品种很多，其中主要有：青瓷茶具、白瓷茶具、黑瓷茶具和彩瓷具。

(1) 青瓷茶具

以浙江生产的质量最好。早在东汉年间，已开始生产色泽纯正、透明发光的青瓷。晋代浙江的越窑、婺窑、瓯窑已具相当规模。宋代，作为当时五大名窑之一的浙江龙泉哥窑生产的青瓷茶具，已达到鼎盛时期，远销各地。明代，青瓷茶具更以其质地细腻，造型端庄，釉色青莹，纹样雅丽而蜚声中外。当代，浙江龙泉青瓷茶具又有新的发展，不断有新产品问世。这种茶具除具有瓷器茶具的众多优点外，因色泽青翠，用来冲泡绿茶，更有益汤色之美。不过，用它来冲泡红茶、白茶、黄茶、黑茶，则易使茶汤失去本来面目，似有不足之处。

(2) 白瓷茶具

具有坯质致密透明，上釉、成陶火度高，无吸水性，音清而韵长等特点。因色泽洁白，能反映出茶汤色泽，传热、保温性能适中，加之色彩缤纷，造型各异，堪称饮茶器皿中之珍品。早在唐时，河北邢窑生产的白瓷器具已"天下无贵贱通用之。"唐朝白居易还作诗盛赞四川大邑生产的白瓷茶碗。元代，江西景德镇白瓷茶具已远销国外。如今，白瓷茶具更是面目一新。这种白釉茶具，适合冲泡各类茶叶。加之白瓷茶具造型精巧，装饰典雅，其外壁多绘有山川河流，四季花草，飞禽走兽，人物故事，或缀以名人书法，又颇具艺术欣赏价值，所以，使用最为普遍。用来冲泡绿茶，红茶、白茶、黄茶、黑茶，青茶均可，便于观察茶汤颜色。

(3) 黑瓷茶具

黑瓷茶具，始于晚唐，鼎盛于宋，延续于元，衰微于明、清，这是因为自宋代开始，饮茶方法已由唐时煎茶法逐渐改变为点茶法，而宋代流行的斗茶，又为黑瓷茶具的崛起创造了条件。

宋人衡量斗茶的效果，一看茶面汤花色泽和均匀度，以"鲜白"为先；二看汤花与茶盏相接处水痕的有无和出现的迟早，以"盏无水痕"为上。现今已经很少采用了。

(4) 彩瓷茶具

彩色茶具的品种花色很多，其中尤以青花瓷茶具最引人注目。青花瓷茶具，其实是指以氧化钴为呈色剂，在瓷胎上直接描绘图案纹饰，再涂上一层透明釉，尔后在窑内经1300℃左右高温还原烧制而成的器具。

然而，对"青花"色泽中"青"的理解，古今亦有所不同。古人将黑、蓝、青、绿等诸色统称为"青"，故"青花"的含义比今人要广。它的特点是：花纹蓝白相映成趣，有赏心悦目之感；色彩淡雅幽菁可人，有华而不艳之力。加之彩料之上涂釉，显得滋润明亮，更平添了青花茶具的魅力。内胎为白瓷冲泡绿茶，红茶、白茶、黄茶、黑茶，青茶均可，便于观察茶汤颜色，至今仍流行于世。

紫砂茶具

紫砂茶具，由陶器发展而成，是一种新质陶器。它始于宋代，盛于明清，流传至今。北宋梅尧的《依韵和杜相公谢蔡君谟寄茶》中说道："小石冷泉留早味，紫泥新品泛春华。"说的是紫砂茶具在北宋刚开始兴起的情景。至于紫砂茶具由何人所创，已无从考证。但从确切的文字记载来看，紫砂茶具则创造于明代正德年间。

今天紫砂茶具是用江苏宜兴南部及其毗邻的浙江长兴北部埋藏的一种特殊陶土，即紫金泥烧制而成的。这种陶土，含铁量大，有良好的可塑性，烧制温度以1150℃左右为宜。紫砂茶具的色泽，可利用紫泥色泽和质地的差别，经过"澄""洗"，使之出现不同的色彩，如可使天青泥呈暗肝色，蜜泥呈淡赭石色，石黄泥呈朱砂色，梨皮泥呈冻梨色等；另外，还可通过不同质地紫泥的调配，使之呈现古铜、淡墨等色。优质的原料，自然的色泽，为烧制优良紫砂茶具奠定了物质基础。

宜兴紫砂茶具之所以受到茶人的钟情，除了这种茶具风格多样，造型多变，富含文化品位，在古代茶具世界中别具一格外，还与这种茶具的质地适合泡茶有关。后人称紫砂茶具有三大特点，就是"泡茶不走味，贮茶不变色，盛暑不易馊"。

紫砂茶具属陶器茶具的一种。它坯质致密坚硬，取天然泥色，大多为紫砂，亦有红砂、白砂。成陶火度在1100～1200℃，无吸水性，意味深长。它耐寒耐热，泡茶无熟汤味，能保真香，且传热缓慢，不易烫手，用它炖茶，也不会爆裂。因此，历史上曾有"一壶重不数两，价重每一二十金，能使土与黄金争价"之说。但美中不足的是受色泽限制，用它较难欣赏到茶叶的美姿和汤色。

目前我国的紫砂茶具，质量以产于江苏宜兴的为最，与其毗邻的浙江长兴亦有生产。经过历代茶人的不断创新，"方非一式，圆不相同"就是人们对紫砂茶具器形的赞美。一般认为，一件品质上佳的紫砂茶具，必须具有三美，即造型美、制作美和功能美，三者兼备方称得上是一件完善之作。

竹制茶具

　　这种茶具，来源广，制作方便，对茶无污染，对人体又无害，因此，自古至今，一直受到茶人的欢迎。但缺点是不能长时间使用，无法长久保存，失却文物价值。现今四川出现了一种竹编茶具，它既是一种工艺品，又富有实用价值，主要品种有茶杯、茶盅、茶托、茶壶、茶盘等，多为成套制作。

　　竹编茶具由内胎和外套组成，内胎多为陶瓷类饮茶器具，外套用精选慈竹，经劈、启、揉、匀等多道工序，制成粗细如发的柔软竹丝，经烤色、染色，再按茶具内胎形状、大小编织嵌合，使之成为整体如一的茶具。这种茶具，不但色调和谐，美观大方，而且能保护内胎，减少损坏；同时，泡茶后不易烫手，并富含艺术欣赏价值。因此，多数人购置竹编茶具，不在其用，而重在摆设和收藏。

玻璃茶具

　　在现代，玻璃器皿有较大的发展。玻璃质地透明，光泽夺目。外形可塑性大，形态各异，用途广泛，玻璃杯泡茶，茶汤的鲜艳色泽，茶叶的细嫩柔软，茶叶在整个冲泡过程中的上下穿动，叶片的逐渐舒展等，一览无余，可说是一种动态的艺术欣赏。特别是冲泡各类名茶，茶具晶莹剔透。杯中轻雾缥缈，澄清碧绿，芽叶朵朵，亭亭玉立，观之赏心悦目，别有风趣。而且玻璃杯价廉物美，深受广大消费者的欢迎。适合冲泡：绿茶、花草茶。

贴士

玻璃器具的缺点是容易破碎，比陶瓷烫手。

5

以茶当礼有宜有忌

送礼的学问

以茶做礼是很简单的一件事情，但同时又是一门学问。茶礼的学问其实主要是解决好三个方面的问题。

(1) 为什么送茶礼？其实理由很简单。主要有两种：第一求人办事，通感情。第二送健康。

(2) 送什么茶礼？主要是：第一，了解收礼人是哪里人，平时喝什么茶。第二：考虑送礼的时机（节日或者日期的选择）这个直接对礼品的选择产生影响。

(3) 怎么样送茶礼？主要是：第一，要考虑出比较合理的送礼的理由。第二，对待回礼的问题，一定要谨慎，如果对方回礼是多件，择其一比较得体。

送礼的技巧

礼物是感情的载体。任何礼物都表示送礼人的特有心意，或酬谢、或求人、或联络感情等等。所以，你选择的礼品必须与你的心意相符，并使受礼者觉得你的礼物非同寻常，倍感珍贵。实际上，最好的礼品应该是根据对方兴趣爱好选择的，富有意义、耐人寻味、品质不凡却不显山露水的礼品。因此，选择茶礼时要考虑它的思想性、艺术性、纪念性等多方面的因素，力求别出心裁，不落俗套。

(1) 礼物轻重得当：一般讲，礼物太轻，意义不大，很容易让人误解为瞧不起他，尤其是对关系不算亲密的人，更是如此，而且如果礼太轻而想求别人办的事难度较大，成功的可能几乎为零。但是，礼物太贵重，又会使接受礼物的人有受贿之嫌，特别是对上级、同事更应注意。所以选用茶作为礼物不但不会受到别人的拒绝，而且茶作为饮品是一种日常饮料，作为文化是一种可以喝的古董都是让人接受的。

(2) 送礼间隔适宜：送礼的时间间隔也很有讲究，过频过繁或间隔过长都不合适。送礼者可能手头宽裕，或求助心切，便时常大包小包地送上门去，有人以为这样大方，一定可以博得别人的好感，细想起来，其实不然。因为你以这样的频率送礼目的性太强。另外，礼尚往来，人家还必须还情于你。一般，以选择重要节日、喜庆、寿诞送礼为宜，送礼的既不显得突兀虚套，受礼的收着也心安理得，两全其美。

附

重要商务城市的茶馆、茶餐厅地图

老舍茶馆 市前门西大街正阳市场3号楼

始建于1988年，是一家以人民艺术家老舍先生及其作品命名的茶馆。茶馆位于三层，门口环饰着紫木透雕；位居正中的"老舍茶馆"金字牌匾下方，人民艺术家老舍先生的铜像屹然凝视着远方。老舍先生的崇高品质和他笔下的京味《茶馆》感染了无数大众，也使这座融茶道、民族艺术于一体的老舍茶馆名扬中外。

三味书屋茶馆 西城区复兴门内大街60号

客容量：80人左右，店名让人不禁想起鲁迅的《从百草园到三味书屋》。店里有绿茶、乌龙茶、八宝茶、果茶、菊花茶、红茶，有意思的是，作为茶楼，为了满足客人的需求，竟每周五播放爵士乐，但周末有茶艺表演，可谓中西结合。

圣淘沙 朝阳区外馆斜街1号

茶楼的茶客大厅颇具南洋风格，郁郁葱葱的热带植物环抱四周，精美典雅的茶具和紫云藤编织的桌椅摆放在其间，轻柔舒缓的钢琴曲在耳畔若隐若现。最精彩的当属这里的特色包房，中式、法式、英式、美式、地中海和东南亚等，风格各异。

紫云轩 朝阳区工体西路6号

推门入内，迎面的小院里种满了草木花卉，还有在水中穿梭的金鱼、鹦鹉在那里悠然自得，颇有鸟语花香的意境，透露出主人别样情趣。这里的各色菜肴、甜品、饮料里都有来自世界各地的茶叶，这种中西合璧自创茶餐实在叫人意想不到。

大可堂普洱会所　　徐汇区襄阳南路388弄25号(近永嘉路)

独栋花园大洋房做茶室,恐怕在上海滩上都是绝无仅有的。会所在襄阳南路一条小弄堂里,稍不留神就会错过。所谓养在深闺人未识,想来这里应该是爱茶人士的宝地。

故园茶馆　　徐汇区复兴中路1315号(近汾阳路)

小小的院落中弥漫着浓浓的古味,让人感觉走进了时光隧道一般,内部陈设也相当古朴而富有韵味:红木的雕花窗栏被巧妙地用作了装饰;木版雕刻的仙人图栩栩如生;青铜时代的图腾作为摆设;黑陶的罐子是用来盛放果壳的,铜质的铃铛是用来呼唤服务生的。

湖心亭　　黄浦区豫园路257号(荷花池上九曲桥中心)

上海数一数二的老牌茶室。十年如一日,店内家具摆设都透着古朴纯净的味道。从伊丽莎白女王坐过的位置看出去,九曲桥上熙熙攘攘的人流尽收眼底。一人点一壶茶,耳边飘起的江南丝竹声更添几分中国韵味。这里的老外特别多,拍照的游客也特别多,倒是体味了一把"人在景中人即景"的意境。

宋芳茶馆　　永嘉路227号甲

藏在一片民居中的白色小房子,是一家很适合在闷热的梅雨天里,消磨时间的好去处。整幢楼都是白色基调的装修风格,墙上挂满了版画。老式的藤椅,楼梯两边摆满了小时候吃饼干用的铁皮筒,高高的屋顶,长短不一的老式竹竿错落地挂着鸟笼,很怀旧的感觉。

得和茶馆　　建国西路135号2F(近瑞金二路)

这个名字,会让人凭空生出好感来的。一如你站在门口时的那种感觉,灰砖砌的中式宅门,红底金字的匾额上书得和茶馆,门框上挂一幅对联:风卷竹声来午枕;雨蒸花气入丁帘。

水沐莲清岭南茶艺馆　天河区天河南二路六运六街27-29号1-2楼(近天河东路)

环境幽雅，亭台楼阁，古色古香，置身其中恍如进入了一个世外桃源。点心品相相当好，像金屋藏娇、榴莲酥、擂沙汤圆等都可一试，三五知己品下茶挺不错。正餐价格较贵，适合商务招待。缺点是地方太隐蔽，要拐进小路才看能到。

紫缘轩茶艺馆　　　　　　白云区白云大道南1038号云溪生态公园内

青山、流水、白云、树荫，泡一壶茶，要上两碟小点心，看看书、打个盹，度过一个悠闲的下午很惬意、很舒适。这里的热菜不便宜，但小点心还是划算。所以，只需要茶和小点已能让肠胃好好休息一下。服务也不错，热情周到。

雁南飞茶艺馆　　　　　　　　　天河区体育西路天河体育馆1楼

名为茶艺馆，其实主打客家菜。出品用心，卖相精致，口味清淡，特别适合本地人。环境值得一提，桌椅、墙面和顶棚采用黄色老竹，怀旧的氛围配合店名"雁南飞"，让人产生强烈的思乡之情。可惜价格不便宜，自掏腰包会很心疼。适合喜欢茶文化装饰，但又爱吃客家菜的商务伙伴。

紫苑茶馆(中心书城店)　　　福田区红荔路中心书城南区S219号

　　环境真的很不错，古色古香，幽雅清静，适合朋友之间小聚茶聊，一个人没事在此看看书喝喝茶发发呆也很不错，这里还可以自带茶叶和泡茶水，店家按人头收茶位费。总的来说是个休闲的好地方。和人谈事来这里也不错。

芳清堂茶艺馆　　　　　　　福田区新闻路五洲星苑A栋3楼

　　这里算是一个"多功能厅"，品茶、吃饭、聚会聊天、打牌、麻将、甚至是三国杀。环境还算雅致，大厅里面比包间更有味道些，小桥流水，感觉不错。

静颐茶馆　　　　　　　罗湖区宝安南路3038号金塘大厦7楼

　　没想到城市高楼中有这么一个静谧的素食馆。餐厅分成两部分，一边是喝茶聊天的，矮桌、小椅子，布置得十分雅致；另一边是用餐的，餐桌都是仿明清梨花木的老家具，竹木和粗布的搭配显得很有品位。心浮气躁的时候去坐坐，喝喝茶，聊聊天，听听舒缓的音乐，感受难得的宁静吧。

陆羽茶室

香港岛中环士丹利街24-26号

大名鼎鼎的陆羽茶室，迈入其中，时光仿佛倒回到半个世纪前的香港。上了年纪的店员清一色白褂衣着，神情里透着若有似无的高傲，只有面对熟客时才会露出笑容。茶点依然是传统的那些，除了常见的，还有好些坊间消失的品种，叫人不禁忆当年。

兰芳园茶餐厅

香港岛中环结志街2号(中环老店)

小小的店面，几乎看不到任何装修的痕迹，唯独墙上张贴的获奖剪报和明星留影显示出丝丝的张扬。众人追崇的目标——丝袜奶茶，甘醇香滑、不甜不腻，要是能看到店家神奇的手艺，那就更全乎了。尽管排队的人超多，但为了美食等待也值得!

澳门茶餐厅

九龙尖沙咀乐道25-27(乐道店)

地道澳门口味。葡挞必点，热气腾腾，奶香四溢，中间料好多，吃着好满足。猪扒包是明星，猪扒倒在其次啦，关键面包很香很脆，皮酥内芯软。奶茶无可挑剔，入喉顺滑，过后茶味萦绕。咖喱牛腩也很正，浓郁，辣味明显，配泰国香米没话说。四周典型的茶餐厅氛围，座位紧凑，人声鼎沸。服务生动作迅速，节奏很快。

金凤茶餐厅

香港岛湾仔春园街41号春园大厦

美食家蔡澜夸他家的奶茶一香、二浓、三滑，一尝果然不假，整整一大杯，完全走冰，口感如丝绸漫舞，茶、奶比例刚刚好。鸡批也是一绝，造型漂亮，用料丰足，热腾腾一个下肚，好生满足。如果逛到湾仔站附近，请一定不要错过这么完美的下午茶哦。

顺兴老茶馆 金牛区沙湾路258号国际会展中心3楼

现代包装的老茶馆，在这里可以见识变脸、喷火、吹灯等国粹表演，绝对是外地人认识成都的好地方，吐血推荐！要想位置好一点的话，最好提前定位。这里有一长廊雕塑一定要看，描述的是四川民居。这里还可以先吃饭后看演出。

里外院 青羊区窄巷子8号(近宽窄巷子)

主要是喝茶的一家院子。有太阳的时候在他家是很不错的。一边聊天，一边喝茶，一边晒太阳。它家分为里外两个院子，这就是他家名字的由来。外面的以露天位和室内为主。里面有个天台，和一个大房间，适合开会时候用。服务员说通常两个院子之间的门是锁的，以方便有些客人商务的需要。

圣淘沙茶园 金牛区抚琴西路175号

很上档次的茶楼。环境典雅，服务好得无话可说，消费不菲在情理之中。适合空闲时与知己共品香茗，约见重要客人也拿得出手。